地方应用型本科教学内涵建设成果系列丛书

江苏省教育厅高等教育教学改革项目"基于CDIO的食品感官评价项目化教学研究与实践"（2013JSJG105）
常熟理工学院教育教学改革重点项目"基于CDIO理念的食品感官科学项目化教学改革"（CITJGIN201303）
常熟理工学院教学团队培育项目（食品安全与品质控制教学团队，JXNH2014115）

食品理化检验项目化教程

主 编 丁建英 权 英 陈梦玲

南京大学出版社

图书在版编目(CIP)数据

食品理化检验项目化教程 / 丁建英,权英,陈梦玲主编.
—南京:南京大学出版社,2016.12(2021.12 重印)
(地方应用型本科教学内涵建设成果系列丛书)
ISBN 978-7-305-17936-5

Ⅰ.①食… Ⅱ.①丁… ②权… ③陈… Ⅲ.①食品检验
—高等学校—教材 Ⅳ.①TS207.3

中国版本图书馆 CIP 数据核字(2016)第 287175 号

出版发行　南京大学出版社
社　　　址　南京市汉口路 22 号　　　　邮　编　210093
出 版 人　金鑫荣
丛 书 名　地方应用型本科教学内涵建设成果系列丛书
书　　　名　食品理化检验项目化教程
主　　编　丁建英　权　英　陈梦玲
责任编辑　刘　飞　蔡文彬　　　　编辑热线　025-83686531
照　　　排　南京南琳图文制作有限公司
印　　　刷　广东虎彩云印刷有限公司
开　　　本　718×960　1/16　印张 15.25　字数 274 千
版　　　次　2016 年 12 月第 1 版　2021 年 12 月第 3 次印刷
ISBN 978-7-305-17936-5
定　　　价　59.00 元

网址:http://www.njupco.com
官方微博:http://weibo.com/njupco
微信服务号:njuyuexue
销售咨询热线:(025)83594756

前　言

食品理化检验是食品相关专业本科阶段的专业课程之一。本教材为应用型本科院校食品质量与安全、食品科学与工程专业本科教材，也可供食品相关从业人员参考。随着新修订的《食品安全法》的实施，各种繁多的食品营养检测指标和食品安全指标出现在食品安全国家标准中，食品理化检验在食品工业、食品检测中发挥越来越重要的作用。

作为一门重要的专业课程，结合应用型本科院校人才培养的要求，本书在编写中将传统的学科式教学体系改为实践性和开放性的项目化教学体系，在保证基础理论知识的基础上，采用项目化的形式，以任务为载体，将课程知识点贯穿于各个项目任务中，培养学生独立完成项目任务的能力，以学生为主体，强化教与学的一体化，从而提高学生的专业能力、主体性、自学能力、创新能力和信息获取能力。

食品理化检验内容广泛，方法多样，限于编者本人知识水平有限和编写的仓促，书中错误在所难免，敬请广大读者和专家批评指正，并对内容安排等提出建议，以便我们进一步研究、修改和完善。

本书在编写过程中，参考了大量专著、科研成果、食品理化检验技术方面的教材及国家标准，在此向有关专家、作者表示衷心的感谢。

编　者

2016 年 8 月

目　录

基础知识篇

技术技能篇

综合实践创新篇

基础知识篇

项目一　食品理化检验的内容和方法

一、食品理化检验概述

2015 年新修订的《中华人民共和国食品安全法》第一百四十条对"食品"的定义如下：食品，指各种供人食用或者饮用的成品和原料以及按照传统既是食品又是药品的物品，但是不包括以治疗为目的的物品。从食品安全监督管理的角度来讲，广义的食品概念所涉及生产食品的原料包括食用农产品的种植、养殖过程接触的物质和环境，食品的添加物质，所有直接或间接接触食品的包装材料、设施以及影响食品原有品质的环境。食品新的概念还包括新资源食品。食品最基本的功能是提供构成人体组织所需要的物质、满足人体新陈代谢的需要及活动所需能量来源。食品理化检验是食品加工、储存及流通过程中质量保证体系的一个重要组成部分，是依据物理、化学、生物化学的一些基本理论和国家食品安全标准，运用现代科学技术和分析手段，对各类食品（包括食品原料、辅助材料、半成品及成品）的主要成分和含量进行检测，以保证生产出质量合格的产品。食品理化检验是分析化学与食品科学相结合的一门边缘学科，同时也是化学、生物学、物理学、信息技术等在食品质量监控中的综合应用技术。

二、食品理化检验的内容

食品理化检验是运用现代分析技术，以准确的结果来评价食品的品质，食品理化检验的范围很广，主要包括以下内容：

1. 感官品质检验

感官品质是人对食品的直接感觉，食品的感官指标有外形、色泽、味道以及食品的稠度。食品的感官品质是消费者的第一感觉，直接影响到消费者对产品的接受性。营养素等理化指标都很好的产品，如果感官品质不好同样会被消费者直接拒绝。

2. 食品营养素检验

营养素提供是食品的基本功能，食品营养素分析主要指六大营养要素：碳水化合物，蛋白质，脂肪，矿物质（包括微量元素），维生素和水的分析。2011 年 11 月 2 日，卫生部公布了我国第一个食品营养标签国家标准——《食品安全国家标准　预包装食品营养标签通则》（GB 28050—2011），指导和规范营养标签标示。

该标准从 2013 年 1 月 1 日起正式实施。它规定,预包装食品营养标签应向消费者提供食品营养信息和特点。

3. 食品中有毒、有害和污染物质分析

食品中的有害物质有些是自身固有的,有些是在加工或储存过程中形成的,还有些是随辅料或助剂带入的,主要包括:微生物,真菌毒素,农药、兽药残留,重金属、化学物质等。

其中,微生物主要为食源性病源菌,另外一些畜禽病毒也越来越多地成为人类健康的威胁。真菌毒素主要是微生物生长繁殖产生的有毒代谢产物如黄曲霉毒素等。农药的残留主要是农产品生产过程中施用农药后导致农副产品中农药及其有毒代谢产物等的残留,兽药残留是食用动物养殖过程中使用药物后导致的动物产品中部分药物的残留。重金属和化学物质主要来源于自然环境,生产加工中的机械、普通容器,农业三废等。

4. 食品辅助材料及添加剂的检验

在食品加工中所采用的辅助材料和添加剂一般都是工业产品,使用时的添加量和品种都有严格的规定,滥用或误用添加剂都将造成不堪设想的后果。对食品添加剂的安全评价在不断提高中,同样的评价也用于新资源食品如转基因食品等。

三、食品理化检验的方法

食品理化检验的方法随着各种分析技术的发展不断进步。食品理化检验的特征在于样品是食品,对样品的预处理为食品检验的首要步骤,如何将其他学科的分析手段应用于食品样品的分析检验是本学科重要的研究内容。根据食品理化检验的指标和内容,通常有感官分析法、物理分析法、化学分析法、仪器分析法等方法。

1. 食品的感官评定

食品感官分析法集心理学、生理学、统计学知识于一体。食品感官评定法通过评价员的视觉、嗅觉、味觉、听觉和触觉活动得到结论,其应用范围包括食品的评比、消费者的选择、新产品的开发,更重要的是消费者对食品的享受。

食品感官评定法已发展成为感官科学的一个重要分支,且相关的仪器研发也有很大进展,本课程中不专门讨论,需要时,可参考相关专门书籍。

2. 物理分析法

食品的物理分析法是利用食品的某些物理特性(如温度、密度、折光率、旋光度、沸点、透明度等)的测定,可间接求出食品中某种成分的含量,从而来评定食品品质及其变化,目前常用的物理分析法有密度法、折光法、旋光法、黏度法、电导法等,具有操作简单,方便快捷,常适用于现场快速检测。

3. 化学分析法

以物质的化学反应为基础的分析方法称为化学分析法,它是比较古老的分析方法,常被称为"经典分析法"。化学分析法主要包括重量分析法、滴定分析法(容量分析法)和化学比色法,以及试样的处理和一些分离、富集、掩蔽等化学手段。化学分析法是分析化学科学重要的分支,由化学分析演变出后来的仪器分析法。

化学分析法通常用于测定相对含量在 1% 以上的常量组分,准确度高(相对误差为 0.1%~0.2%),所用仪器设备简单如天平、滴定管等,是解决常量分析问题的有效手段。随着科学技术发展,化学分析法向着自动化、智能化、一体化、在线化的方向发展,可以与仪器分析紧密结合,应用于许多实际生产领域。

(1)**重量分析**:根据物质的化学性质,选择合适的化学反应,将被测组分转化为一种组成固定的沉淀或气体形式,通过纯化、干燥、灼烧或吸收剂吸收等处理后,精确称量求出被测组分的含量,这种方法称为重量分析法。

(2)**滴定分析**:是将一种已知准确浓度的试剂溶液,滴加到被测物质的溶液中,直到所加的试剂与被测物质按化学计量定量反应完全为止,根据试剂溶液的浓度和消耗的体积,计算被测物质的含量。当加入的滴定液中试剂的物质的量与被测物质的量定量反应完成时,反应达到计量点。在滴定过程中,指示剂发生颜色变化的突变点称为滴定终点。滴定终点与计量点不一定完全一致,由此所造成的分析误差叫作滴定误差。

根据分析任务的不同,化学分析有定性和定量分析两种,一般情况下食品中的成分及来源已知,不需要做定性分析。化学分析法能够分析食品中的大多数化学成分。

4. 仪器分析法

仪器分析法是目前发展较快的分析技术,它是利用能直接或间接表征物质的特性(如物理、化学、生理性质等)的实验现象,通过探头或传感器、放大器、转化器等转变成人可直接感受的已认识的关于物质成分、含量、分布或结构等信息的分析方法。

仪器分析是利用各学科的基本原理,采用电学、光学、精密仪器制造、真空、计算机等先进技术探知物质理化性质的分析方法,因此仪器分析是体现学科交叉、科学与技术高度结合的一个综合性极强的科技分支。这类方法通过采用光分析法、电化学分析法、分离分析法及利用热学、力学、声学等性质进行测定,一般要使用比较复杂或特殊的仪器设备,故称为"仪器分析"。仪器分析除了可用于定性、定量分析外,还可用于结构和动态分析。

与化学分析相比,仪器分析灵敏度高,检出限量可降低,如样品用量由化学分析的 mg、mL 级降低到仪器分析的 μg、μL 级或 ng、nL 级,甚至更低,适合于微量,痕量和超痕量成分的测定;选择性好,很多的仪器分析方法可以通过选择或调整测定的条件,使共存的组分测定时,相互间不产生干扰;操作简便、分析速度快,容易实现自动化。

仪器分析是在化学分析的基础上进行的,如试样的溶解,干扰物质的分离等,都是化学分析的基本步骤。同时,仪器分析大都需要化学纯品做标准,而这些化学纯品的成分,多需要化学分析方法来确定。因此,化学分析法和仪器分析法是相辅相成的。另外仪器分析法所用的仪器往往比较复杂昂贵,操作者需进行专门培训。

5. 酶分析法

酶是专一性强、催化效率高的生物催化剂。利用酶反应进行物质组成定性定量分析的方法为酶分析法。酶分析法具有特异性强,干扰少,操作简便,样品和试剂用量少,测定快速精确、灵敏度高等特点。通过了解酶对底物的特异性,可以预料可能发生的干扰反应并设法纠正。在以酶作分析试剂测定非酶物质时,也可用偶联反应,偶联反应的特异性,可以增加反应全过程的特异性。此外,由于酶反应一般在温和的条件下进行,不需使用强酸强碱,因此是一种无污染或污染很少的分析方法。很多需要使用气相色谱仪、高压液相色谱仪等贵重的大型精密分析仪器才能完成的分析检验工作,应用酶分析方法即可简便快速进行。

食品理化检验方法没有绝对的分类,以上仅是常用方法的介绍。相关基础学科的知识或者已经自成体系的学科分支的内容本书中不重复介绍,读者可自行参考阅读。

四、食品理化检验的分析过程

食品理化检验的分析方法尽管多种多样,但其完整的检验过程一般为:

(1) 确定检验项目和内容;

(2) 科学取样与样品制备;

(3) 选择合适的检验技术,建立适当的分析方法;

(4) 进行分析测定,取得分析数据;

(5) 统计、处理、分析数据,提取有用信息;

(6) 将检验结果转化为分析工作者所需的形式;

（7）对分析结果进行解释、研究和应用。

具体分析方法的应用将结合食品样品在本书技术技能篇中进行介绍。

思考题

1. 食品理化检验的内容有哪些？
2. 食品理化检验的常用分析方法有哪些？

项目二 实验数据的处理与检验误差

一、实验数据的处理

1. 有效数字

测量结果都是包含误差的近似数据,在其记录、计算时应以测量可能达到的精度为依据来确定数据的位数和取位。如果参加计算的数据位数取少了,就会损害结果的精度并影响计算结果的应有精度;如果位数取多了,易使人误认为测量精度很高,且增加了不必要的计算工作量。

有效数字是指在分析工作中实际上能测量到的数字。通过直接读取获得的可靠数字称为准确数字;通过估读得到的数字叫作可疑数字。因此,测量结果中能够反映被测量大小的有效数字通常包括全部准确数字和 1 位不确定的可疑数字。一般可理解为在可疑数字的位数上有 ± 1 个单位,或在其下 1 位上有 ± 5 个单位的误差。如测得物体的长度 5.15 cm,记录数据时,记录的数据和实验结果真实值一致的数据位数是有效数字。

(1) 有效数字中只应保留 1 位可疑数字。

在记录测量数据时,只有最后 1 位有效数字是可疑数字。12.500 0 g 不仅表明试样的质量为 12.500 0 g,还表示称量误差为 $\pm 0.000 1$ g,是用分析天平称量的。如将其质量记录成 12.5 g,则表示该试样是在台称上称量的,其称量误差为 ± 0.1 g。

(2) 有效数字的位数还反映了测量的相对误差。

如称量某试剂的质量为 0.518 0 g,表示该试剂质量是 $(0.518 0 \pm 0.000 1)$g,其相对误差(RE)为:

$$RE = \frac{\pm 0.000 1}{0.518 0} \times 100\% \approx \pm 0.02\%$$

(3) 有效数字位数与量的使用单位无关。

如称得某物的质量是 12 g,2 位有效数字。若以 mg 为单位时,应记为 1.2×10^4 mg,而不应该记为 12 000 mg。若以 kg 为单位,可记为 0.012 kg 或 1.2×10^{-2} kg。

(4) 数据中的"0"要做具体分析。

在可疑数字中,要特别注意 0 的情况。在非零数字之间与末尾时的 0 均为有效数字;在小数点前或小数点后的 0 均不为有效数字。

数字中间的 0,如 2050 中两个 0 都是有效数字。数字前边的 0,如 0.012 kg,其中 0.0 都不是有效数字,它们只起定位作用。数字后边的 0,尤其是小数点后的 0,如 2.50 中 0 是有效数字,即 2.50 是 3 位有效数字。

0.078 和 0.78 与小数点无关,均为 2 位有效数字。而 506 和 220 都为 3 位有效数字,但当数字为 220.0 时则为 4 位有效数字。

(5) π 等常数,具有无限位数的有效数字,在运算时可根据需要取适当的位数。当计算的数值为 1 g 或者 pH、pOH 等对数时,由于小数点以前的部分只表示数量级,故有效数字位数仅由小数点后的数字决定。例如 $\lg x = 9.04$ 为 2 位有效数字,pH$=7.355$ 为 3 位有效数字。

(6) 特别地,当第 1 位有效数字为 8 或 9 时,因为与多一个数量级的数相差不大,可将这些数字的有效数字位数视为比有效数字数多 1 个。例如 8.314 是 5 位有效数字,96 845 是 6 位有效数字。

(7) 单位的变换不应改变有效数字的位数。因此,实验中要求尽量使用科学计数法表示数据。如 100.2 m 可记为 0.100 2 km。但若用 cm 和 mm 作单位时,数学上可记为 10 020 cm 和 100 200 mm,但却改变了有效数字的位数,这是不可取的,采用科学计数法就不会产生这个问题了。

(8) 数字修约规则。我国《数字修约规则》用"四舍六入五成双"法则。即当尾数≤4 时舍去,尾数≥6 时进位。当尾数为 5 时,则应为 5 前为偶数应将 5 舍去,5 前为奇数应将 5 进位。

这一法则的具体运用如下:

将 28.175 和 28.165 处理成 4 位有效数字,则分别为 28.18 和 28.16。

若被舍弃的第 1 位数字大于 5,则其前 1 位数字加 1,例如 28.264 5 处理成 3 位有效数字时,其被舍去的第 1 位数字为 6,大于 5,则有效数字应为 28.3。

若被舍弃的第 1 位数字等于 5,其后数字全部为零时,则是被保留末位数字为奇数或偶数(零视为偶),而定进或舍,末位数是奇数时进 1,末位数为偶数时舍弃,例如 28.350、28.250、28.050 处理成 3 位有效数字时,分别为 28.4、28.2、28.0。

若被舍弃的第 1 位数字等于 5,而其后的数字并非全部为零时,则进 1,例如 28.250 1,只取 3 位有效数字时,应为 28.3。

若被舍弃的数字包括几位数字时,不得对该数字进行连续修,而应根据以上各条作一次处理。如 2.154 546,只取 3 位有效数字时,应为 2.15,而不得按下法连续修约为 2.16。

2. 154 546→2. 154 55→2. 154 6→2. 155→2. 16

2. 运算规则

（1）加减法：在加减法运算中，保留有效数字以小数点后位数最小的为准，即以绝对误差最大的为准。

【例 2 - 1】 0.012 1＋25.64＋1.057 82＝?

正确计算	不正确计算
0.01	0.0121
25.64	25.64
＋1.06	＋1.05782
26.71	26.70992

上例相加的 3 个数字中，25.64 中的"4"已是可疑数字，因此最后结果有效数字的保留应以此数为准，即保留有效数字的位数到小数点后面第 2 位。

【例 2 - 2】 计算 50.1＋1.45＋0.581 2＝?

修约为：50.1＋1.4＋0.6＝52.1

（2）乘除法：乘除运算中，保留有效数字的位数以位数最少的数为准，即以相对误差最大的为准。

【例 2 - 3】 0.012 1×25.64×1.057 82＝?

在这个计算中 3 个数的相对误差分别为：

$$RE=\frac{\pm 0.000\ 1}{0.012\ 1}\times 100\%=\pm 8\%$$

$$RE=\frac{\pm 0.01}{25.64}\times 100\%=\pm 0.04\%$$

$$RE=\frac{\pm 0.000\ 01}{1.057\ 82}\times 100\%=\pm 0.000\ 9\%$$

显然第一个数的相对误差最大（有效数字为 3 位），应以其为准，将其他数字根据有效数字修约原则，保留 3 位有效数字，然后相乘即可。

修约为：0.012 1×25.6×1.06＝?

计算后结果为：0.328 345 6，结果仍保留为 3 位有效数字。

记录为：0.012 1×25.6×1.06＝0.328

（3）自然数，在分析化学中，有时会遇到一些倍数和分数的关系，如：

$$H_3PO_4 \text{ 的相对分子量}/3=98.00/3=32.67$$

$$\text{水的相对分子量}=2\times 1.008+16.00=18.02$$

在这里分母"3"和"2×1.008"中的"2"都还能看作是 1 位有效数字。因为它们是非测量所得到的数,是自然数,其有效数字位数可视为无限的。

运算中若有 π、e 等常数,以及 $2^{1/2}$ 等系数,其有效数字可视为无限,不影响结果有效数字的确定。

(4)乘方:乘方的有效数字和底数相同。

【例 2 - 4】 $(0.341)^2 = 1.16 \times 10^{-2}$

二、检验误差及控制方法

1. 误差的分类

一个客观存在的具有一定数值的被测成分的数量,称为真实值。测定值与真实值之间的差值称为误差。

根据误差的性质,误差通常可分为两类,即系统误差和偶然误差。

(1)系统误差

系统误差是由固定原因造成的误差,在测定的过程中按一定规律重复出现,一般有一定的方向性,即测定值总是偏高或偏低。这种误差的大小是可测的,所以又称为可定误差,系统误差可以用对照实验、空白实验、仪器纠正等方法加以校正。根据来源,系统误差可以分为方法误差、仪器误差、试剂误差和操作误差。

方法误差是由于选择的分析方法不恰当或实验设计不恰当所造成的,如反应不能定量完成、有副反应发生、滴定终点与化学计量点不一致、滴定分析中指示剂选择不当、干扰组分存在等。方法误差有时不易被人们发现,带来的影响通常较大,因此在选择分析方法时应特别注意。

仪器误差是仪器本身不够准确或未经校准引起的,如量器(容量瓶、滴定管等)和仪表刻度不准、电子仪器"噪声"过大等。

试剂误差是由试剂不合格所引起的,如所用试剂不纯或蒸馏水中含有微量杂质等。

操作误差主要指正常操作情况下,由于分析工作者掌握操作规程或控制条件不当所致,如滴定管读数总量偏高或偏低,滴定终点颜色总是偏浅或偏深、第二次总是想与第一次重复等。

(2)偶然误差

偶然误差也称为随机误差、不可定误差,它是由一些偶然的外因所引起的误差,产生的原因也往往是不固定的、未知的、大小不一、或正或负、大小不可测的,这些误差的来源往往一时难以觉察,如环境(气压、温度、湿度)的偶然波动或仪器的性能、分析人员对各份试样相关性处理不一致等。

偶然误差虽然有时无法控制,但其出现服从统计规律,即大偶然误差出现的概率小,小偶然出现的概率大,绝对值相同的正、负偶然误差出现的概率大体相等。因此可以增加平行测定次数或用统计学方法来处理。

2. 控制误差的方法

误差的大小,直接关系到分析结果的精密度和准确度。因此,要想获得正确的分析结果,必须采取相应的措施减少误差。

(1) 选择恰当的分析方法

在食品样品的分析检验中,除了需要采取正确的方法采集样品,并对所采集的样品进行合理的制备和预处理外,在现有的众多的分析方法中,选择合适的分析方法是保证分析结果正确的关键环节,如果选择的分析方法不恰当,即使前面环节处理严格、正确,得到的分析结果也可能是毫无意义的。

① 选择分析方法应考虑的因素

样品中待测成分的分析方法很多,如何选择最恰当的分析方法需要考虑以下因素。

a. 分析的具体要求

不同分析方法的灵敏度、选择性、准确度、精密度各不相同,要根据分析结果要求的准确度和精密度来选择适当的分析方法。一般标准物和成品分析要求有较高的准确度,微量成分分析要求有较高的灵敏度,中间产品的控制分析则要求快速、简便。

b. 分析方法的繁简程度和速度

不同分析方法操作步骤的繁简程度和所需时间及劳力各不相同,每个样品分析的费用也各不相同。要根据待测样品的数目和要求及时间等因素来选择适当的分析方法,同样品需要测定几种成分时,应尽可能选用同一份样品处理液同时测定几种成分的方法,达到简便快速的目的。

c. 样品的特性

各类样品中待测成分的形态和含量不同,可能存在的干扰物质及其含量不同,样品的溶解和待测成分提取的难易程度也不相同。要根据样品的这些特性来选择制备待测液、定量某些成分和消除干扰的适宜方法。

d. 实验室条件

分析工作一般安排在实验室进行,各级实验室的设备条件和技术条件也不相同,应根据实验室所具备的具体条件来选择适当的分析方法,如现有仪器的精密度和灵敏度,所需试剂的纯度及实验室的温度、湿度等。

在具体情况下究竟选择哪一种方法,必须综合考虑上述各种因素,结合各类方法的特点,如方法的精密度、准确度、灵敏度等,以便加以比较。

② 分析方法的评价

在研究一个分析方法时，通常用精密度、准确度和灵敏度这三项指标评价。

a. 精密度

精密度是指多次平行测定结果相互接近的程度，这些测试结果的差异是由偶然误差造成的，它代表着测定方法的稳定性和重现性。

精密度的高低可用偏差来衡量：

（绝对）偏差：测定结果与测定平均值之差。

$$d = x_i - \sum x_i / n$$

分析结果的精密度可用多次测定结果的平均（绝对）偏差表示：

$$平均偏差(\overline{d}) = \frac{|d_1| + |d_2| + |d_3| + \cdots + |d_n|}{n} = \frac{\sum |d_i|}{n}$$

$$相对平均偏差(\overline{d}\%) = \frac{\overline{d}}{x_i} \times 100\% = \frac{\sum |d_i|}{n\overline{x}} \times 100\%$$

式中：$\overline{d}$——平均偏差；

　　　n——测定次数；

　　　$\overline{x}$——测定平均值；

　　　d_i——第 i 次测定值与平均值的绝对偏差；

$$d_i = |x_i - \overline{x}|$$

　　　$\sum |d_i|$——n 次测定的偏差之和。

$$\sum |d_i| = |x_1 - \overline{x}| + |x_2 - \overline{x}| + \cdots + |x_n - \overline{x}|$$

平均偏差的另一种表示方法为标准偏差（S），单次测定的标准偏差（S）可按下式计算：

$$S = \sqrt{\frac{d_1^2 + d_2^2 + \cdots + d_n^2}{n-1}} = \sqrt{\frac{\sum d_i^2}{n-1}}$$

式中：S——标准偏差；

　　　n——测定次数。

标准偏差较平均偏差更有统计意义，说明数据的分散程度。因此，通常用标准偏差和变异系数（相对标准偏差）来表示一种分析方法的精密度。

$$变异系数(CV) = \frac{S}{\overline{x}} \times 100\%$$

变异系数的意义：表示测定值与真实值间的差距，一般 $CV < 5\%$ 的结果都是可以接受的。

b. 准确度

准确度是指测定值与真实值的接近程度。测定值与真实值越接近,则准确度越高。准确度主要由系统误差决定的,它反映测定结果的可靠性。准确度高的方法精密度必然高,而精密度高的方法准确度不一定高。

准确度的高低可用误差来表示。误差越小,准确度越高,反之,准确度越低。误差有两种表示方法,即绝对误差和相对误差。绝对误差是指测定结果与真实值之差,相对误差是指绝对误差占真实值的百分率。

若以 x 代表测定值,u 代表真实值,则

$$绝对误差 = x - u,相对误差 = \frac{x-u}{u} \times 100\%$$

选择分析方法时为了便于比较,通常用相对误差表示准确度。

某一分析方法的准确度,可通过测定标准试样的误差,或做回收实验计算回收率,以误差或回收率来判断。

在回收实验中,加入已知量的标准物的样品,称为加标样品,未加标准物质的样品称为未知样品。在相同条件下用同种方法对加标样品和未知样品进行预处理和测定,按下式计算出加入标准物质的回收率:

$$P = \frac{X_1 - X_0}{m} \times 100\%$$

式中:P——加入标准物质的回收率;

m——加入标准物质的质量;

X_1——加标样品的测定值;

X_0——未知样品的测定值。

回收率是两种误差的综合指标,能表示方法的可靠性。

c. 灵敏度

灵敏度是指分析方法所能检测的最低限量。

不同的分析方法有不同的灵敏度,一般来说,仪器分析法具有较高的灵敏度,而化学分析法(重量分析法和容量分析法)灵敏度相对较低。

在选择分析方法时,要根据待测组分的含量范围选择适宜的方法。一般来说,待测组分含量低时,需选用灵敏度高的方法;待测组分含量高时,宜选用灵敏度低的方法,以减少由于稀释倍数太大所引起的误差。

(2) 正确选取样品量

样品量的多少与分析结果的准确度关系很大。在常量分析中,滴定量或质量过大、过小都直接影响准确度;在比色分析中,含量与吸光度之间往往只在一

定范围内呈线性关系,这就要求测定时读数在此范围内,并尽可能在仪器读数较灵敏范围内,以提高准确度。通过增减取样量或改变稀释倍数可以达到上述目的。

（3）增加平行测定次数,减少偶然误差

测定次数越多,则平均值越接近真实值,偶然误差也可抵消,所以分析结果越可靠。一般要求每个样品的测定次数不少于两次,如果要更精确的测定,分析次数应多些。

（4）消除测量中的系统误差

① 对照实验

对照实验是检查系统误差的有效方法。在进行对照实验时,常常用已知结果的试样与被试样一起按完全相同的步骤操作,或由不同单位、不同人员进行测定,最后将结果进行比较,这样可以抵消不明因素引起的误差。

② 空白实验

在进行样品测定过程的同时,采用完全相同的操作方法和试剂,唯独不加被测定的物质,进行空白实验。在测定值中扣除空白值,就可以抵消试剂中的杂质干扰等因素造成的系统误差。

③ 回收实验

在既没有标准试样,又不宜用纯物质进行对照实验时,可以向样品中加入一定量的被测纯物质(定量分析用对照品),用同一方法进行定量分析。通过分析结果中被测组分含量的增加值与加入量之差,便可估算出分析结果的系统误差,以便对测定结果进行校正。

④ 校正仪器或标定溶液

各种计量测试仪器,如天平、旋光仪、分光光度计,以及移液管、滴定管、容量瓶等玻璃器皿,在精确分析中必须进行校正,并在计算时采用校正值。各种标准溶液(尤其是容易变化的)应按规定定期标定,以保证标准溶液的浓度和质量正确。

⑤ 严格遵守操作规程

应严格遵守分析方法所规定的技术条件。经国家或主管部门规定的分析方法,在未经有关部门同意前,不得随意改动。

思考题

1. 食品分析中误差的主要来源有哪两个方面？如何产生的？在实际操作

中如何消除或减少误差？

2. 有效数字使用应注意什么？在实验报告中如何正确记录和使用有效数字？

3. 食品分析工作中如何正确运用有效数字及其计算法则？

4. 使用有效数字计算法则，计算下列式子。

① $23.48+0.2322+6.492=$

② $8.7+0.006+5.322=$

③ $0.0142\times21.41\times1.04935=$

④ $2/5\times13.5\times0.101\times246.78\times10^{-3}=$

项目三　采样和样品制备

为了控制食品品质和安全性,监测原料、配料和加工成品的重要特性是非常必要的。如果分析技术快速且无破坏性,那么可对所有食品或指定批量配料实施评估;然而通常更可行的方法是从所有产品中选择一部分,假定所选部分的性质代表了整个批量的性质。

从待测样品中抽取其中一部分来代表整体的方法称为采样,而抽取样品的总数就称为总体,适当的采样技术有助于确保样品品质的测定值能代表总体品质的评估值。

一、样品的采集

样品的采集简称采样,又称检样,是从大量的检验物料中抽取一定数量并有代表性的部分样品作为检验样品。同种类的食品成品或原料,由于品种、产地、成熟期、加工或储藏条件不同,其成分及其含量会有相当大的差异。同一检验对象,不同部位的成分和含量也可能有较大差异。采样工作是食品检验的首项工作。

正确的采样应遵循以下原则:第一,采集的样品必须具有代表性;第二,采样方法必须与分析目的保持一致;第三,采样及样品制备过程中设法保持原有的理化指标,避免待测组分发生化学变化或丢失;第四,要防止和避免待测组分的污染;第五,样品的处理过程尽可能简单易行,所用样品处理装置尺寸应当与处理的样品量相适应。

采样之前,应对样品的环境和现场进行充分的调查,需要考虑以下问题:第一,采样的地点和现场条件;第二,样品中的主要组分与含量范围;第三,采样完成后需要分析测定的项目;第四,样品中可能会存在的物质组成。

采样时必须注意样品的生产日期、批号、代表性和均匀性,采样数量应能反映该食品的卫生质量和满足检验项目对试样量的需求。

1. 采样的一般规则

为保证采样的公正性和严肃性,确保分析数据的可靠,国家标准《食品卫生检验方法理化部分总则》(GB/T 5009.1—2003)对采样过程提出了以下要求,对于非商品检验场合,也可供参考。

(1)外地调入的食品应结合运货单、兽医卫生机关证明、商品检验机关或卫生部门的检验单,了解起运日期、来源地点、数量、品质及包装情况。如在工厂、仓库或商店采样时,应了解食品的批号、制造日期、厂方检验记录及现场卫生状况。同时应注意食品的运输、保管条件、外观、包装容器等情况。

（2）液体、半流体食品如植物油、鲜乳、酒或其他饮料,如用大桶或大罐盛装者,应先行充分混匀后再采样。样品应分别盛放在 3 个干净的容器中,盛放样品的容器不得含有待测物质及干扰物质。

（3）粮食及固体食品应从每批食品的上、中,下三层中的不同部位分别采取部分样品,混合后按四分法对角取样,再进行几次混合,最后取有代表性样品。

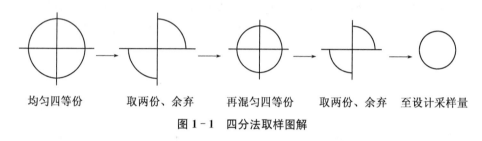

均匀四等份　　取两份、余弃　　再混匀四等份　　取两份、余弃　　至设计采样量

图 1－1　四分法取样图解

（4）肉类、水产等食品应按分析项目要求分别采取不同部位的样品或混合后采样。

（5）罐头、瓶装食品或其他小包装食品,应根据批号随机取样。同一批号取样件数,250 g 以上的包装不得少于 6 个,250 g 以下的包装不得少于 10 个。

（6）如送检样品感官检查已不符合食品卫生标准或已腐败变质,可不必再进行理化检验,直接判为不合格产品。

（7）要认真填写采样记录。写明采样单位、地址、日期、样品批号、采样条件、包装情况、采样数量、检验项目标准依据及采样人。无采样记录的样品,不得接受检验。

（8）检验取样一般皆取可食部分,以便检验样品计算。

（9）样品应按不同检验项目妥善包装、运输、保管、送实验室后,应立即检验。

2. 样品的分类

按照样品采集的过程,依次得到检样、原始样品和平均样品三类。

（1）检样:由组批或货批中所抽取的样品称为检样。检样的多少,应按该产品标准中检验规则所规定的抽样方法和数量执行。

（2）原始样品:将许多份检样综合在一起称为原始样品。原始样品的数量是根据受检物品的特点、数量和满足检验的要求而定。

（3）平均样品：将原始样品按规定方法混匀,均匀地分出一部分,称为平均样品。从平均样品中分出 3 份,1 份用于全部项目的检验;1 份用于在对检验结果有争议或分歧时做复检用,称作复检样品;另 1 份作为保留样品,需封存保留一段时间(通常是 1 个月),以备有争议时再作验证,但易变质食品不作保留。

3. 采样方法

样品采集的方法一般分为随机抽样和代表性取样两种。随机抽样,即按照随机原则,从大批物料中抽取部分样品。操作时,应使所有物料的各个部分都有被抽到的机会。代表性取样,是用系统抽样法进行采样,即已经了解样品随空间(位置)和时间而变化的规律,按此规律进行采样,以便采集的样品能代表其相应部分的组成和质量,如分层取样、随生产过程的各环节采样、定期抽取货架上陈列不同时间的食品的采样等。

随机抽样可以避免人为的倾向性,但是,在有些情况下,如难以混匀的食品(黏稠液体、蔬菜等)的采样,仅用随机抽样法是不行的,必须结合代表性取样,从有代表性的各个部分分别取样。因此,采样通常采用随机抽样与代表性取样相结合的方式。具体的取样方法,因检验对象的性质而异。

（1）有完整包装(袋、桶、箱等)的物料:可先按(总件数/2)$^{1/2}$确定采样件数,然后从样品堆放的不同部位,按采样件数确定具体采样袋(桶、箱),再用双套回转取样管插入包装容器中采样,回转 180 度取出样品;再用"四分法"将原始样品做成平均样品,即将原始样品充分混合均匀后堆集在清洁的玻璃板上,压平成厚度在 3cm 以下的形状,并划成对角线或"十"字线,将样品分成 4 份,取对角线的 2 份混合,再分为 4 份,取对角的 2 份。这样操作直至取得所需数量为止,此即是平均样品。

（2）无包装的散堆样品:先划分成若干等体积层,然后在每层的四角和中心用双套回转取样器各取少量样品,得检样,再按上法处理得到平均样品。

（3）较稠的半固体物料:例如稀奶油、动物油脂、果酱等,这类物料不易充分混匀,可先按(总件数/2)$^{1/2}$确定采样件(桶、罐)数,打开包装,用采样器从各桶(罐)中分上、中、下三层分别取出检样,然后将检样混合均匀,再按上述方法分别缩减,得到所需数量的平均样品。

（4）液体物料:例如植物油、鲜乳等,包装体积不太大的物料可先按上法确定采样件数。开启包装,充分混合,混合时可用混合器。如果容器内被检物量少,可用由一个容器转移到另一个容器的方法混合。然后从每个包装中取一定量综合到一起,充分混合均匀后,分取缩减到所需数量。

大桶装的或散(池)装的物料不便混匀,可用虹吸法分层(大池的还应分四角及中心 5 个点)取样,每层 500 mL 左右,充分混合后,分取缩减到所需数量。

(5)组成不均匀的固体食品:例如肉、鱼、果品、蔬菜等,这类食品本身各部位极不均匀,个体大小及成熟程度差异很大,取样更应注意代表性。

肉类可根据不同的分析目的和要求而定。有时从不同部位取样,混合后代表该只动物;有时从一只或很多只动物的同一部位取样,混合后代表某一部位的情况。

水产品,如小鱼、小虾等可随机取多个样品,切碎、混匀后分取缩减到所需数量;对个体较大的鱼,可从若干个体上割少量可食部分,切碎混匀分取,缩减到所需数量。

体积较小的果蔬(如山楂、葡萄等),随机取若干个整体,切碎混匀,缩分到所需数量。体积较大的果蔬(如西瓜、苹果、萝卜等),可按成熟度及个体大小的组成比例,选取若干个体,对每个个体按生长轴剖分为 4 份或 8 份,取对角线 2 份,切碎混匀,缩分到所需数量。体积膨松的叶菜类(如菠菜、小白菜等),由多个包装(一筐、一捆)分别抽取一定数量,混合后捣碎,混匀、分取,缩减到所需数量。

(6)小包装食品:例如罐头、袋或听装奶粉等,这类食品一般按班次或批号连同包装一起采样。如果小包装外还有大包装(如纸箱),可在堆放的不同部位抽取一定量(总件数/2)$^{1/2}$,打开包装,从每箱中抽取小包装(瓶/袋等)作为检样;将检样混合均匀形成原始样品,再分取缩减得到所需数量的平均样品。

罐头按生产班次取样,取样量为 1/3 000,尾数超过 1 000 罐者,增取 1 罐,但每班每个品种取样量基数不得少于 3 罐。

某些罐头生产量较大,则以班产量总罐数如 2 000 罐为基数,取样量按 1/3 000。超过 2 000 罐的罐数,取样量按 1/1 000,尾数超过 1 000 罐者,增取 1 罐。

个别生产量过小、同品种、同规格的罐头可合并班次取样,但并班总罐数不超过 5 000 罐,每生产班次取样量不少于 1 罐,并班后取样基数不少于 3 罐。如果按杀菌锅取样,每锅检取 1 罐,但每批每个品种不得少于 3 罐。袋、听装奶粉按批号采样,自该批产品堆放的不同部位采取总数的 1‰,但不得少于 2 件,尾数超过 500 件者应增取 1 件。

采样数量的确定,应考虑分析项目的要求、分析方法的要求及被检物的均匀程度三个因素。样品应一式三份,分别供检验、复验及备查使用。每份样品数量一般不少于 0.5 kg。检验掺伪物的样品,与一般的成分分析的样品不同,分析项目事先不明确,属于捕捉性分析,因此,相对来讲,取样数量应多一些。

4. 采样注意事项

（1）一切采样工具，如采样器、容器、包装纸等都应清洁，不应将任何有害物质带入样品中。例如，进行 3,4 - 苯并芘测定时，样品不可用石蜡封瓶口或用蜡纸包，因为有的石蜡含有 3,4 - 苯并芘；做 Zn 测定的样品不能用含 Zn 的橡皮膏封口，供微生物检验的样品，应严格遵守无菌操作规程。

（2）保持样品原有微生物状况和理化指标，进行检测之前不得污染、不发生变化。例如，做黄曲霉毒素 B_1 测定的样品，要避免紫外光分解黄曲霉毒素 B_1。

（3）感官性质不相同的样品，不可混在一起，应分别包装，并注明其性质。

（4）样品采集后，应立刻送往分析室进行检验，以免发生变化。

（5）盛装样品的器具上要贴上标签，注明样品名称、采样地点、采样日期、样品批号、采样方法、采样数量、采样人及检验项目。

二、样品的制备与预处理

一般按采样规程采取的样品往往数量过多、颗粒太大、组成不均匀。因此，为了确保检验结果的正确性，必须对样品进行粉碎、混匀、缩分，这项工作即为样品制备。样品制备的目的是要保证样品均匀，使在检验时取任何部分都能代表全部样品的成分检验结果，样品的制备方法因产品类型不同而异。

（1）对于液体、浆体或悬浮液体，一般将样品摇匀，充分搅拌。常用的简便搅拌工具是玻璃搅拌棒；带变速器的电动搅拌器，可以任意调节搅拌速度。

（2）互不相溶的液体，如油与水的混合物，应首先使不相溶的成分分离，再分别进行采样。

（3）固体样品应采用切细、粉碎、捣碎、研磨等方法将样品制成均匀可检状态。水分含量少、硬度较大的成体样品，如谷类，可用粉碎法；水分含量较高、质地软的样品，如果蔬类，可用匀浆法；韧性较强的样品，如肉类，可用研磨法。常用的工具有粉碎机、组织捣碎机、研体等。

（4）罐头样品，例如水果罐头在捣碎前须清除果核；肉禽罐头应预先清除骨头；鱼类罐头要将调味品（如葱、蒜、辣椒等）分出后再进行捣碎。常用工具有高速组织捣碎机等。

在样品制备过程中，应注意防止易挥发性成分的逸散，避免样品组分和理化性质发生变化。做微生物检验的样品，必须根据微生物学的要求，按照无菌操作规程制备。

食品的成分复杂，既含有大分子的有机化合物，如蛋白质、糖类、脂肪等；也含有各种无机元素，如钾、钠、钙、铁等。这些组分往往以复杂的结合态形式存在。当应用某种化学方法或物理方法对其中一种组分的含量进行测定时，其他组分的存在常常给测定带来干扰，因此，为了保证检验工作的顺利进行，得到准确的检验结果，必须在测定前排除干扰组分。此外，有些被测组分在食品中含量极低，如农药、黄曲霉毒素、污染物等，要准确检验出其含量，必须在检验前对样品进行浓缩。以上这些操作过程统称为样品预处理，它是食品检验过程中的重要环节，直接关系着检验的成败。

样品预处理总的原则是：消除干扰因素，完整保留被测组分，并使被测组分浓缩，以获得可靠的分析结果。常用的样品预处理方法有以下几种。

1. 有机物破坏法

有机物破坏法主要用于食品无机元素的测定。食品中的无机元素，常与蛋白质等有机物质结合，成为难溶、难离解的化合物。要测定这些无机成分的含量，需要在测定前破坏有机结合体，释放出被测组分。通常采用高温，或高温加强氧化条件，使有机物质分解，呈气态逸散，而被测组分残留下来。

各类方法又因原料的组成及被测元素的性质不同可有许多不同的操作条件，选择的原则应是：第一，方法简便，使用试剂越少越好；第二，方法耗时间越短，有机物破坏越彻底越好；第三，被测元素不受损失，破坏后的溶液容易处理，不影响以后的测定。

根据具体操作方法不同又可分为干法灰化、湿法消化等。

(1) 干法灰化：又称为灼烧法，是一种用高温灼烧的方式破坏样品中有机物的方法。干法灰化法是将一定量的样品置于坩埚中加热，使其中的有机物脱水、炭化、分解、氧化再置于高温电炉中（一般约 550 ℃）灼烧灰化，直至残灰为白色或浅灰色为止，所得灰分即为无机成分，可供测定用。除汞外大多数金属元素和部分非金属元素的测定都可用此法处理样品。

干法灰化法的特点是不加或加入很少的试剂，故空白值低；因多数食品经灼烧后灰分体积很少，因而能处理较多的样品，可富集被测组分，降低检测限；有机物分解彻底，操作简单。但此法所需时间长，因温度高，易造成易挥发元素的损失；并且坩埚对被测组分有一定吸留作用，致使测定结果和回收率降低。

干法灰化法提高回收率的措施：可根据被测组分的性质，采取适宜的灰化温度；也可加入助灰化剂，防止被测组分的挥发损失和坩埚吸留。例如：加氯化镁或硝酸镁可使磷元素、硫元素转化为磷酸镁或硫酸镁，防止它们损失；加入氢氧化钠或氢氧化钙可使碘元素、氟元素转化为难挥发的碘化钠或氟化钙；加入氯化镁及硝酸镁可使砷转化为砷酸镁；加硫酸可使易挥发的氯化铅、氯化镉等转变为难挥发的硫酸盐。

近年来,开发了一种低温灰化技术,即将样品放在低温灰化炉中,先将真空度抽至 0~133 Pa,然后不断通入氧气,流速为 0.3~0.8 L/min。用射频照射使氧气活化,在低于 150 ℃ 的温度下便可使样品完全灰化,从而可以克服高温灰化的缺点,但所需仪器价格较高,不易普及。

(2) 湿法消化:简称消化法,是常用的样品无机化方法。即向样品中加入强氧化剂,并加热消煮,使样品中的有机物质完全分解、氧化,呈气态逸出,待测成分转化为无机物状态存在于消化液中,供测试用。常用的强氧化剂有浓硝酸、浓硫酸、高氯酸、高锰酸钾、过氧化氢等。湿法消化法有机物分解速度快,所需时间短;由于加热温度较干法低,故可减少金属挥发逸散的损失,容器吸留也少。但在消化过程中,常产生大量有害气体,因此操作过程需在通风橱内进行;消化初期,易产生大量泡沫外溢,故需操作人员随时照管;此外,试剂用量较大,空白值偏高。

常用消化方法有硝酸-高氯酸-硫酸法、硝酸-硫酸法。

硝酸-高氯酸-硫酸法具体步骤是:样品放置于凯氏烧瓶中,加少许水使之湿润,加数粒玻璃珠,加硝酸-高氯酸(4:1)混合液,放置片刻。小火缓缓加热,待作用缓和后放冷,沿瓶壁加入浓硫酸,再加热,至瓶中液体开始变成棕色时,不断沿瓶壁滴加硝酸-高氯酸(4:1)混合液至有机物分解完全。加大火力至产生白烟,溶液变澄清,呈无色或微黄色。在操作过程中应注意防止爆炸。

硝酸—硫酸法的具体步骤是:样品放置于凯氏烧瓶中,分别加入浓硝酸和浓硫酸,先以小火加热,待剧烈作用停止后,加大火力并不断滴加浓硝酸直至溶液透明不再转黑后,继续加热数分钟至有白烟逸出,消化液应澄清透明。

湿法消化的特点是加热温度较干法低,减少金属挥发逸散的损失。但在消化过程中,产生大量有毒气体,操作需在通风柜中进行,此外,在消化初期,产生大量泡沫易冲出瓶颈,造成损失,故需操作人员随时照管,操作中还应控制火力注意防爆。

湿法消化耗用试剂较多,在做样品消化的同时,必须做空白试验。

近年来,开发了一种新型样品消化技术,即高压密封罐消化法。此法是在聚四氟乙烯容器中加入适量样品和氧化剂,置于密封罐内在 120~150 ℃ 烘箱中保温数小时,取出自然冷却至室温,取液直接测定。此法克服了常压湿法消化的一些缺点,但要求密封程度高,并且高压密封罐的使用寿命有限。

(3) 紫外光分解法:这也是一种消解样品中的有机物,从而测定其中的无机离子的氧化分解法。紫外光由高压大灯提供,在(85±5) ℃ 的温度下进行光解。为了加速有机物的降解,在光解过程中通常加入双氧水。光解时间可根据样品的类型和有机物的量而改变。有报道称,测定植物样品中的 Cl^-、Br^-、SO_4^{2-}、PO_4^{3-}、Cu^{2+}、Zn^{2+}、Co^{2+} 等离子时,称取 $50\sim300$ mg 磨碎或匀化的样品置于石英管中,加入 $1\sim2$ mL 双氧水(30%)后,用紫外光光解 $60\sim120$ min 即可将其完全光解。

（4）微波消解法:这是一种利用微波为能量对样品进行消解的新技术,包括溶解、干燥、灰化、浸取等,该法适于处理大批量样品及萃取极性与热不稳定的化合物。微波消解法以其快速、溶剂用量少、节省能源、易于实现自动化等优点而广泛应用。目前这种方法已用于消解废水、废渣、淤泥、生物组织等多种试样,被认为是"理化分析实验室的一次技术革命"。美国公共卫生组织已将该法作为测定金属离子时消解植物样品的标准方法。

2. 溶剂提取法

在同一溶剂中,不同的物质具有不同的溶解度。利用样品各组分在某一溶剂中溶解度的差异,将各组分完全或部分地分离的方法称为溶剂提取法。此法常用于维生素、重金属、农药及黄曲霉毒素等的测定。

溶剂提取法又分为浸提法、溶剂萃取法、盐析法。

（1）浸提法:用适当的溶剂将固体样品中的某种待测成分浸提出来的方法,又称液-固萃取法、浸泡法。

一般提取剂的选择要根据提取效果,符合相似相溶的原则,故应根据被提取物的极性强弱选择提取剂。对极性较弱的成分（如有机氯农药）可用极性小的溶剂（如正己烷、石油醚）提取;对极性强的成分（如黄曲霉毒素 B_1）可用极性大的溶剂（如甲醇与水的混合溶液）提取。溶剂沸点宜在 $45\sim80$ ℃,沸点太低易挥发,沸点太高则不易浓缩,且对热稳定性差的被提取成分也不利。此外,溶剂要稳定,不与样品发生作用。

提取方法有振荡浸渍法、捣碎法、索氏提取法。

振荡浸渍法是将样品切碎,放入一合适的溶剂系统中浸渍、振荡一定时间,即可从样品中提取出被测成分,此法简便易行,但回收率较低。

捣碎法是将切碎的样品放入捣碎机中,加溶剂捣碎一定时间,使被测成分提取出来。此法回收率较高,但干扰杂质溶出较多。

索氏提取法是将一定量样品放入索氏提取器中,加入溶剂加热回流一定时间,将被测成分提取出来。此法溶剂用量少,提取完全,回收率高,但操作较麻烦,且需专用的索氏提取器。

（2）溶剂萃取法:利用某组分在两种互不相溶的溶剂中分配系数的不同,使其从一种溶剂转移到另一种溶剂中,而与其他组分分离的方法。此法操作迅速,分离效果好,应用广泛,但萃取试剂通常易燃、易挥发,且有毒性。

选择萃取溶剂时应注意其与原溶剂不互溶,但对被测组分有最大溶解度,而对杂质有最小溶解度;或被测组分在萃取溶剂中有最大的分配系数,而杂质只有最小的分配系数,经萃取后,被测组分进入萃取溶剂中,同仍留在原溶剂中的杂质分离开。此外,还应考虑两种溶剂分层的难易以及是否会产生泡沫等问题。

萃取通常在分液漏斗中进行,一般需经 4～5 次萃取,才能达到完全分离的目的。当用比水轻的溶剂,从水溶液中提取分配系数小,或振荡后易乳化的物质时,采用连续液体萃取器较分液漏斗效果更好。烧瓶内的溶剂被加热,产生的蒸汽经过管上升至冷凝器中被冷却,冷凝液化后滴入中央的管内并沿中央管下降,从下端成为小滴,使欲萃取的液层上升,此时发生萃取作用。萃取液经回流至烧瓶内后,溶液再次气化,这样反复萃取,可把被测组分全部萃入溶剂中。

(3)盐析法:向溶液中加入某一盐类物质,使溶质在原溶剂中的溶解度大大降低,从而从溶液中沉淀出来。例如,在蛋白质溶液中,加入大量的盐类,特别是加入重金属盐,蛋白质就从溶液中沉淀出来。在蛋白质的测定过程中,也常用氢氧化铜或碱性醋酸铅将蛋白质从水溶液中沉淀下来,将沉淀消化并测定其中的含氮量,据此以断定样品中纯蛋白质的含量。

在进行盐析工作时,应注意溶液中所要加入的物质的选择。它不破坏溶液中所要析出的物质,否则达不到盐析提取的目的。此外,要注意选择适当的盐析条件,如溶液的 pH 值、温度等。盐析沉淀后,根据溶剂和析出物质的性质和实验要求,选择适当的分离方法,如过滤、离心分离和蒸发等。

3. 蒸馏法

蒸馏法是利用液体混合物中各组分沸点不同而进行分离的方法。可用于除去干扰组分,也可用于将待测组分蒸馏逸出,收集馏出液进行分析。此法具有分离和净化双重效果。其缺点是仪器装置和操作较为复杂。

根据样品中特测成分性质的不同,可采取常压蒸馏、减压蒸馏、水蒸气蒸馏等蒸馏方式。

(1)常压蒸馏:当被蒸馏的物质受热后不易发生分解且在沸点不太高的情况下,可在常压下进行蒸馏。常压蒸馏的装置比较简单,如图 1-2 所示。加热方式根据被蒸馏物质的沸点确定,如果沸点不高于 90 ℃可用水浴加热;如果沸点超过 90 ℃,则可改用油浴、沙浴、盐浴或石棉浴;如果被蒸馏的物质不易爆炸或燃烧,可用电炉或酒精灯直接加热,最好垫以石棉网;如果是有机溶剂则要用水浴,并注意防火。

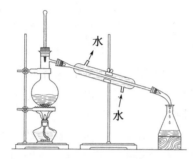

图 1-2　常压蒸馏装置

(2) 减压蒸馏:样品中待蒸馏组分易分解或沸点太高时,可采取减压蒸馏。该法装置比较复杂,如图 1-3 所示。

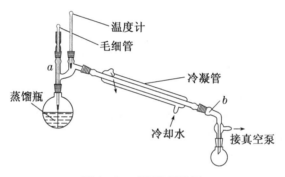

图 1-3　减压蒸馏装置

(3) 水蒸气蒸馏:将水和与水互不相溶的液体一起蒸馏,这种蒸馏方法称为水蒸气蒸馏。该法装置较复杂,如图 1-4 所示。例如,防腐剂苯甲酸及其钠盐的测定,从样品中分离六六六等,均可用水蒸气蒸馏法进行处理。

4. 化学分离法

化学分离法常采用的方法有硫酸磺化法、皂化法、沉淀分离法、掩蔽法等。其中,磺化法和皂化法是除去油脂经常使用的方法,常用于农药检验中样品的净化。

(1) 硫酸磺化法:用浓硫酸处理样品提取液,油脂遇到浓硫酸就磺化成极性大且易溶于水的化合物,浓硫酸与脂肪和色素中的不饱和键起加成作用,形成可溶于硫酸和水的强极性化合物,不再被弱极性的有机溶剂所溶解。硫酸磺化法就是利用这一反应,使样品中的油脂经磺化后再用水洗除去,有效地除去脂肪、色素等干扰杂质,从而达到分离净化的目的。

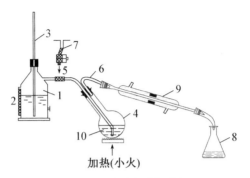

图 1-4　水蒸气蒸馏装置

1—水蒸气发生器;2—液面计;3—安全玻管;4—圆底烧瓶;5—蒸汽导入管;
6—蒸汽导出管;7—弹簧夹;8—接收器;9—冷凝管;10—样品溶液

利用经浓硫酸处理过的硅藻土做层析柱,使待净化的样品抽提液通过,以磺化其中的油脂,这是比较常用的净化方法。常以硅藻土 10 g,加发烟硫酸 3 mL,并研磨至烟雾消失,随即再加浓硫酸 3 mL 继续研磨,装柱,加入待净化的样品,用正己烷或环己烷、苯、四氯化碳等淋洗。经此处理后,样品中的油脂就被磺化分离了,洗脱液经水洗后可继续进行其他的净化处理。

不使用硅藻土而把浓硫酸直接加在样品溶液里振摇和分层处理,也可磺化除去样品中的油脂,这叫直接磺化法。这种方法操作简便,在分液漏斗中就可进行。全部操作只是加酸、振摇、静置分层,最后把分液漏斗下部的硫酸层放出,用水洗涤溶剂层即可。

直接磺化法简单、快速、净化效果好,但用于农药分析时,多限于在强酸介质中稳定的农药(如有机氯农药中六六六,DDT)提取液的净化,其回收率在 80% 以上。

(2)皂化法:用热碱溶液处理样品提取液,以除去脂肪等干扰杂质。如利用氢氧化钾-乙醇溶液将脂肪等杂质皂化除去,以达到净化目的。此法适用于对碱稳定的农药(如艾氏剂、狄氏剂)提取液的净化。又如在测定肉、鱼、禽类及其熏制品中的苯并芘(荧光分光光度法)时,可在样品中加入氢氧化钾,回流皂化 2~3 h,除去样品中的脂肪。

(3)沉淀分离法:利用沉淀反应进行分离的方法。在试样中加入适当沉淀剂,使被测组分沉淀下来,或将干扰组分沉淀下来,经过滤或离心将沉淀与母液分开,从而达到分离目的。例如,测定冷饮中糖精钠含量时,可在试剂中加入碱性硫酸铜,将蛋白质等干扰杂质沉淀下来,而糖精钠仍留在试液中,经过滤除去沉淀后,取滤液进行分析。

(4) 掩蔽法:利用掩蔽剂与样液中干扰成分作用,使干扰成分转变为不干扰测定状态,即被掩蔽起来。运用这种方法可以不经过分离干扰成分的操作而消除其干扰作用,简化分析步骤,因而在食品检验中应用十分广泛,常用于金属元素的测定。二硫腙比色法测定铅时,在测定条件(pH=9)下,Cu^{2+}、Cd^{2+}等离子对测定有干扰,可加入氰化钾和柠檬酸铵掩蔽,消除它们的干扰。

5. 色层分离法

色层分离法又称色谱分离法,是一种在载体上进行物质分离的系列方法的总称。这是应用最广泛的分离方法之一,尤其对一系列有机物质的分析测定,色层分离具有独特的优点。根据分离原理的不同,可分为吸附色谱分离、分配色谱分离和离子交换色谱分离等。此类分离方法分离效果好,而且分离过程往往也是鉴定的过程。近年来在食品检验中应用越来越广泛。

(1) 吸附色谱分离:是利用聚酰胺、硅胶、硅藻土、氧化铝等吸附剂经活化处理后所具有的适当的吸附能力,对被测成分或干扰组分进行选择性吸附而达到分离的方法称吸附色谱分离。例如:聚酰胺对色素有强大的吸附力,而其他组分则难于被其吸附,在测定食品中色素含量时,常用聚酰胺吸附色素,经过过滤洗涤,再用适当溶剂解吸,可得到较纯净的色素溶液,供检验用。

(2) 离子交换色谱分离:是利用离子交换剂与溶液中的离子之间所发生的交换反应进行分离的方法。分为阳离子交换和阴离子交换两种。

当将被测离子溶液与离子交换剂一起混合振荡,或将样液缓缓通过用离子交换剂做成的离子交换柱时,被测离子或干扰离子即与离子交换剂上的 H^+ 或 OH^- 发生交换,被测离子或干扰离子留在离子交换剂上,被交换出的 H^+ 或 OH^-,以及不发生交换反应的其他物质留在溶液内,从而达到分离的目的。离子交换分离法常用于分离较为复杂的样品。

6. 浓缩

食品样品经提取、净化后有时净化液的体积较大,待测物溶质的浓度过小,因此,在测定前需要进行浓缩。

浓缩过程中挥发性强、不稳定的微量物质容易损失,要特别注意,当浓缩至体积很小时,一定要控制浓缩速度不能太快,否则将会造成回收率降低。浓缩回收率要求≥90%。浓缩的方法有自然挥发法、吹气法、K. D浓缩器浓缩法和真空旋转蒸发法。

(1) 自然挥发法:将待浓缩的溶液置于室温下,使溶剂自然蒸发。此法浓缩速度慢,但简便。

（2）吹气法：采用吹干燥空气或氮气，使溶剂挥发的浓缩方法。此法浓缩速度较慢，对于易氧化、蒸汽压高的待测物，不能采用吹气法浓缩。

（3）K.D浓缩器浓缩法：采用K.D浓缩装置进行减压蒸馏浓缩的方法。此法简便，待测物不易损失，是较普遍采用的方法。

（4）真空旋转蒸发法：在减压、加温、旋转条件下浓缩溶剂的方法。此法浓缩速度快、待测物不易损失、简便，是最常用、理想的浓缩方法。

样品预处理方法应用时应根据食品的种类、检验对象、被测组分的理化性质及所选用的检验方法选择。

三、样品的保存

采取的食品样品，为防止其水分或挥发性成分散失以及其他待测成分含量的变化（如光解、高温分解、发酵等），应尽快在短时间内进行分析。如果不能立即分析，必须加以妥善保存。

制备好的样品应放在密封洁净的容器内，置于阴暗处保存。但切忌使用带有橡皮垫的容器。易腐败变质的样品应保存在0~5 ℃的冰箱里，但保存时间不宜过长，否则样品变质或待测物质分解。有些成分，如胡萝卜素、黄曲霉毒素 B_1、维生素 B_1 等，容易发生光解。以这些成分为分析项目的样品，必须在避光条件下保存。

特殊情况下，样品中可加入适量不影响分析结果的防腐剂，或将样品冷冻干燥后保存，先将样品冷冻到冰点以下，水分即变成固态冰，然后在高真空下将冰升华，样品即被干燥。冷冻干燥条件可用真空度133.0~400.0 Pa，温度-30~-10 ℃。预冻温度和速度对样品有影响，为此必须将样品的温度迅速降到"共熔点"以下。"共熔点"是指样品真正冻结成固体的温度，又称完全固化温度。对于不同的物质，其"共熔点"不同，例如苹果为－34 ℃、番茄为－40 ℃、梨为－33 ℃。由于样品在低温下干燥，食品的化学和物理结构变化极小，因此食品成分的损失较少，可用于肉、鱼、蛋和蔬菜类样品的保存，保存时间可达数月或更长。

此外，食品样品保存环境要清洁干燥，存放的样品要按日期、批号、编号摆放，以便查找。

思考题

1. 哪些概念可用于描述样品？各是什么意思？

2. 采样的一般原则是什么？如何确定采样量？

3. 采样的一般方法有哪些？

4. 食品样品的预处理和储藏方法有哪些？试说明各自应用的原理。

5. 干法灰化和湿法消化处理样品中的有机物会对后续分析造成什么影响？

技术技能篇

模块一 食品营养成分的测定

项目一 水分的测定

学习目标

一、知识目标

1. 熟悉国家标准检测方法及相关文献的检索的知识。
2. 了解水分测定法的种类、原理和应用范围。
3. 掌握常压干燥法的基本原理、测定条件和注意事项。

二、能力目标

1. 能利用多种手段查阅水分测定的方法。
2. 能根据实际食品样品的特点确定测定方案。
3. 能熟练使用常压干燥箱和干燥器。
4. 能正确进行数据处理。
5. 按要求出具正确的检测报告。

项目相关知识

一、水分测定的意义

水是维持动物、植物和人体生存必不可少的物质。不同种类的食品,水含量差别很大。除谷物和豆类种子(一般含水为 $12\%\sim16\%$)以外,作为食品原料或产品的许多动植物含水量为 $60\%\sim90\%$,有的可能更高。控制食品的水含量,对于保持食品的品质,维持食品中其他组分的平衡关系,保证食品具有一定的保存期等起着重要的作用。例如,面包的水含量若低于 30%,其外观形态干瘪,失去光泽,新鲜度严重下降;粉状食品水含量控制在5%以下,可抑制微生物生长繁殖,延长保存期。食品原料或产品中水含量高低,对加工、运输成本核算等也具有重要意义,是工艺过程设计的重要依据之一。水含量还是进行其他食品化学成分比较的基础。如某种食品蛋白质含量为40 g/100 g,水含量30 g/100 g,另一种食品蛋白质含量为25 g/100 g,水含量60 g/100 g,并不能直观地认为前者蛋白质的含量高于后者,应折算成干物质后比较。水含量还是产品品质与价格的决定因素。非加工需要而故意人为"注水"的产品应属伪劣产品范畴。因此,食品中水含量的测定是食品检验的重要项目之一。

表2-1为部分常见食品的水含量,表2-2总结了部分国家标准中规定的食品中的水含量。

表2-1 部分常见食品的水分含量

食品名称	水含量/(g/100g)	食品名称	水含量/(g/100g)	食品名称	水含量/(g/100g)
大米	13～14	新鲜水果	85～90	绿豆芽	95
小麦粉	12～13	果汁	85～93	洋葱	89
通心粉	12	番石榴	81	芦笋	93
大豆	10	甜瓜	92～94	青豆	67
豆腐	83	橄榄	70～75	黄瓜	96
蜂蜜	20～40	鳄梨	65	青菜	70～75
冰淇淋	65	柑橘	86～90	马铃薯	78
液态乳	87～91	水产品	50～85	新鲜蛋	74

表2-2 部分国家标准规定的食品水分含量

产品名称	水含量/%	引用标准	产品名称	水含量/%	引用标准
籼米,籼糯米	≤14.5	GB 1354—2009	蛋制品:巴氏杀菌冰全蛋	≤76.0	GB 2749—2003
粳米,粳糯米	≤15.5	GB 1354—2009	蛋制品:冰蛋黄	≤55.0	GB 2749—2003
稻谷:早籼,晚籼,籼糯	≤13.5	GB 1354—2009	蛋制品:冰蛋白	≤88.5	GB 2749—2003
稻谷:粳,粳糯	≤14.5	GB 1354—2009	蛋制品:巴氏杀菌全蛋粉	≤4.5	GB 2749—2003

产品名称	水含量/%	引用标准	产品名称	水含量/%	引用标准
面包:软式	≤45	GB/T 20981—2007	蛋制品:蛋黄粉	≤4.0	GB 2749—2003
面包:硬式	≤45	GB/T 20981—2007	蛋制品:蛋白片	≤16.0	GB 2749—2003
面包:起酥	≤36	GB/T 20981—2007	乳粉	≤5.0	GB 19644—2010
面包:调理	≤45	GB/T 20981—2007	调制乳粉	≤5.0	GB 19644—2010
面包:其他	≤45	GB/T 20981—2007	奶油	≤16.0	GB 19644—2010
小麦粉馒头	≤45.0	GB/T 21118—2007	加糖炼乳	≤27.0	GB 13102—2010
猪肉	≤77	GB 18394—2001	调制加糖炼乳	≤28.0	GB 13102—2010
牛肉	≤77	GB 18394—2001	肉松	≤20	GB 23968—2009
羊肉	≤78	GB 18394—2001	中式香肠,特级	≤25	GB/T 23493—2009
鸡肉	≤77	GB 18394—2001	中式香肠,优级	≤30	GB/T 23493—2009
			中式香肠,普通级	≤38	GB/T 23493—2009

　　2012年5月30日修订GB 18394—2001《畜禽肉水限量》的征求意见稿提出了更严格的要求,即猪肉、牛肉、鸡肉含水量不超过76.5%,羊肉含水量不超过77.5%,鸭肉含水量不超过80%。

二、食品中水的存在形式

　　食品的形态有固态、半固态和液态,无论是原料,还是半成品或成品,都含有一定量的水。高水含量的物料切开后水并不流出,其原因与水的存在形式有关。食品中水的存在形式分别为游离态和结合态两种形式,即游离水和结合水。

1. 自由水

自由水(Free Water),又称游离水,存在于细胞间隙,具有水的一切物理性质,即 100 ℃时沸腾,0 ℃以下结冰,并且易汽化。自由水是食品的主要分散剂,可以溶解糖、酸、无机盐等。自由水在烘干食品时容易汽化,在冷冻食品时冻结,故可用简单的热力方法除去,自由水促使腐蚀食品的微生物繁殖和酶起作用,并加速非酶褐变或脂肪氧化等化学劣变。自由水可分为不可移动水或滞留水(Occluded Water)、毛细管水(Capillary Water)和自由流动水(Fluid Water)三种形式。滞留水是指被组织中的纤维和亚纤维膜所阻留住的水;毛细管水是指在生物组织的细胞间隙和食品的结构组织中通过毛细管力所系留的水;自由流动水主要指动物的血浆、淋巴和尿液以及植物导管和液泡内的水等。

2. 结合水

结合水(Bound Water),又称束缚水,与食物材料的细胞壁、原生质、蛋白质等通过氢键结合或以配位键的形式存在,如在食品中与蛋白质活性基团(—OH、—NH、—COOH、—CONH)和碳水化合物的活性基团(—OH)以氢键相结合而不能自由运动。根据结合的方式又可分为物理结合水和化学结合水。加热时结合水难汽化,具有低温(−40 ℃或更低)下不易结冰和不能作为溶剂的性质。结合水与食品成分之间的结合很牢固,可以稳定食品的活性基团。迄今为止,从食品化学的角度研究食品中水的存在形式的工作仍在继续。水测定时结合水很难去除。

三、水分含量的测定方法

水含量测定法通常分为直接法和间接法两类。

直接法——利用水本身的物理性质和化学性质测定水的方法,如干燥法、蒸馏法和化学反应法(卡尔·费休法)。

间接法——利用食品的密度、折射率、电导、介电常数等物理性质,间接测定水的方法。

测定水含量的方法应根据食品性质和测定目的进行选择。直接测定法的准确度高于间接测定法。

1. 干燥法

(1) 原理

在一定温度和压力条件下,将样品加热干燥,以排除其中水的方法称为加热干燥法。根据操作压力的差别,加热干燥法分为常压干燥法和减压干燥法,加热干燥法是将样品盛放于样品皿中,在干燥箱(或称烘箱)中加热去除试样中的水,再通过干燥前后的称量数值计算出水的含量。

（2）分析条件

对于性质稳定的样品如谷物,可以选择常压干燥;对于性质不稳定的样品如含果糖或脂肪高的食品,应选择减压(或真空)干燥。压力的差异本质上是加热温度的差异,常压可达高温;减压可用低温。常压干燥法通常选择 100 ℃±5 ℃,减压(或真空)干燥法在压力 40～53 kPa,70 ℃以下温度进行。为了提高分析速度,性质稳定的谷物样品分析可以在 130～140 ℃进行。干燥时间的确定有使样品烘至恒重和根据经验确定两种方式。前者为标准方法,后者适合快速或常规测定。恒重法为干燥残留物重为 2～5 g 时,当连续两次干燥放冷称重后,质量相差不超过 2 mg 时可认为达到恒重状态,此时可结束干燥,样品质量可视为不再变化,称重后即可计算水含量。规定干燥时间法是指在规定的时间内样品内大部分水已被除去,进一步的干燥对测定结果的改变很小,可忽略不计。

（3）分析设备

用于加热干燥测定水的设备为干燥箱或称烘箱,如图 2－1 所示。常压干燥箱与大气相通,为保证干燥室内的温度均匀,一般采用强制通风的形式,即配有电扇。减压干燥法需配置减压(或真空)系统(见图 2－2),且样品室可以密封。常规干燥箱的加热元件都为电阻丝,快速水测定仪(图 2－3)采用微波、红外或卤素加热方式。水含量分析用专门干燥箱的形式种类较多,加热功率和内室腔体大小可根据需要选择。

图 2－1　常压干燥箱

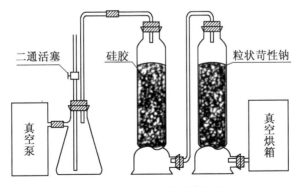

图 2－2　减压干燥系统流程

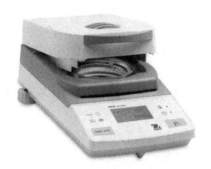

图 2-3　快速水测定仪

样品皿可以是铝盒,也可以是玻璃或石英称量皿。用于分析的样品质量通常控制其干燥残留物为 2～5 g。有的国家,对于番茄制品等蔬菜制品,规定每平方厘米称量皿底面积内,干燥残留物为 9～12 mg。

样品皿底部直径选择原则一般为:固体和少量液体样品选 4～5 cm;多量液体样品选 6.5～9.0 cm;水产品样品选 9 cm。

(4) 对样品的要求

加热干燥法是最基本的水测定法,适用于多数食品样品,但此法的应用必须符合以下三项条件:

① 水是唯一的挥发物质。其他挥发性存在非常少,对结果的影响可以忽略不计。

② 水能完全排除。这一点很难做到,结合水是不能去除的。

③ 食品中其他组分在加热过程中由于发生化学反应而引起的重量变化可忽略不计。果糖和高脂肪样品等很容易发生变化,还原糖和蛋白质或氨基酸也很容易发生反应,此时样品的预处理和干燥条件选择非常关键。

(5) 样品预处理

样品必须洁净,根据分析目的确定是总体还是可食部分。

① 固体样品:必须磨碎过筛。谷类约为 18 目,其他食品为 30～40 目。样品颗粒过大,内部水扩散缓慢,不易干燥;样品颗粒过小,可能受空气搅动影响而"飞出"容器。

② 液态样品:先在水浴上浓缩,然后用烘箱干燥。

③ 浓稠液体:如糖浆、甜炼乳等,需加入经预处理并干燥过的石英砂等分散剂,增加样品表面积,防止结膜等物理栅形成。

④ 高水含量食品(水含量大于 16%),采用二步(次)干燥法,即先在低温条

件下干燥,再用较高温度干燥的方法测定。以新鲜面包为例:

称重→切片(2～3 mm)→风干(60 ℃以下,15～20 h)→称重→磨碎→过筛→加热干燥法测定水。

在二步操作法中,测定结果用下式表示:

$$X = \frac{[m - m_1(1 - x\%)]}{m} \times 100\%$$

式中:X——新鲜面包的水分含量;

　　　x——风干面包的水百分含量;

　　　m——新鲜面包的总质量;

　　　m_1——风干面包的总质量。

二步操作法的分析结果准确度较高,但费时更长。

(6) 操作步骤

① 样品皿处理:样品皿→清洗→烘干→干燥器中冷却→称重→重复干燥至恒重。

② 称取样品:精密称取 2 g 左右样品。一般精确至 0.000 1 g,有时有些方法只要求精确至 0.001 g。

③ 烘箱烘干:样品皿+样品→烘干→冷却→称重。

④ 再次称重:样品皿+样品→烘干→冷却→称重。

重复④,直至恒重。

恒重指称重前后两次称质量差不超过 2 mg。样品的冷却必须在干燥器(图 2－4)中完成。普通干燥器一般常用白色玻璃制作,也有棕色玻璃的产品,真空干燥器盖子除玻璃材料外也有用塑料制成的,盖子与底座间涂抹真空脂或凡士林密封。干燥器下层放置变色硅胶等干燥剂,中间由孔板隔开。孔的大小设计兼顾了在灰分测定时坩埚的稳定放置。真空干燥器用于长时间存放样品。

图 2－4　干燥器

(7) 结果计算

试样中水分的含量按下式进行计算:

$$X = \frac{m_1 - m_2}{m_1 - m_3} \times 100$$

式中:X——试样中水分的含量,g/100 g;

　　　m_1——称量瓶(加海砂、玻璃棒)和试样干燥前的质量,g;

m_2——称量瓶(加海砂、玻璃棒)和试样干燥后的质量,g;

m_3——称量瓶(加海砂、玻璃棒)的质量,g。

水分含量≥1 g/100 g时,计算结果保留三位有效数字;水分含量<1 g/100 g时,结果保留两位有效数字;在重复性条件下获得的两次独立测定结果的绝对差值不得超过算术平均值的5%。

(8) 误差原因及解决办法

① 烘干过程中,样品表面出现物理栅(physical barriers),可阻碍水从食品内部向外扩散。例如:干燥糖浆,富含糖分的水果、蔬菜等在样品表层结成薄膜,水不能扩散,测定结果出现负偏差。像糖浆、富含糖分的果蔬样品测定时,可加水稀释,或加入干燥助剂(如海砂、石英砂),增加蒸发面积,提高干燥效率,减少误差。

② 样品水含量高,干燥温度也较高时,样品可能发生化学反应,这些变化会使水损失。例如:淀粉的糊精化,水解作用等。可采用二步干燥法。

③ 对热不稳定的样品,温度高于 70 ℃会发生分解,产生水及其他挥发物质。如蜂蜜、果浆、富含果糖的水果。可采用减压干燥法,在较低温度下进行测定。

④ 样品中含有除水以外的其他易挥发物,如乙醇、醋酸等,将影响测定。应选择合适的测定方法。

⑤ 样品中含有双键或其他易于氧化的基团。如不饱和脂肪酸、酚类等,会使残留物增重,水含量偏低。应选择合适的测定方法。

⑥ 样品冷却必须在干燥剂有效的干燥器中存放。

(9) 常压和减压干燥法的比较

常压干燥法使用方便,设备简单,操作时间长,不适用于胶体、高脂肪、高糖食品以及含有易氧化、易挥发物质的食品且不可能测出食品中的真正水。

减压干燥法常被用作标准法,测定结果比较接近真正水,重现性好。操作温度低,时间短,可防止样品变化。

减压干燥法需配置减压和空气干燥装置。干燥测定时,关闭二通活塞,使真空泵抽出干燥箱中的水汽和空气,干燥结束后,在保持真空泵继续工作的情况下,将二通活塞通向空气,直至干燥箱恢复常压。干燥塔的作用是为了保证在解除干燥箱负压时进入干燥箱的空气为干燥状态,否则已经干燥的样品又会吸收空气中的水。应注意及时更换干燥塔中的填料。

2. 蒸馏法

蒸馏法出现在 20 世纪初,是利用液体混合物中各组分沸点的不同而分离为纯组分的方法。蒸馏方法分为:常压蒸馏、水蒸气蒸馏、扫集共蒸馏、减压蒸馏、分馏。

(1) 原理

水测定方法中蒸馏法的原理是,向样品中加入与水互不溶解的有机溶剂(有些与水形成共沸混合物)进行蒸馏,蒸馏出的蒸汽被冷凝,收集于标有刻度的接收管中,因密度和性质不同,馏出液中有机溶剂与水分离,根据水的体积计算水的含量。

(2) 有机溶剂的选择

常用的有机溶剂有甲苯、二甲苯、苯(苯、甲苯可与水形成共沸混合物)、CCl_4(比水重)、四氯(代)乙烯和偏四氯乙烷。样品的性质是选择溶剂的重要依据。有机溶剂的密度应与水有显著差异。对热不稳定的食品,一般不用二甲苯(沸点高),而常选用低沸点的苯、甲苯或甲苯—二甲苯的混合液。对一些含糖可分解产生水的样品,如脱水洋葱和脱水大蒜,可选用苯。表 2 - 3 为蒸馏法测定水常用有机溶剂的性质。

表 2 - 3　蒸馏法测定水常用有机溶剂的性质

载体		载体-水共沸化合物			适用样品
化合物	沸点/ ℃	密度/(g/cm)(25 ℃)	沸点/ ℃	水占比例/%	
甲苯	110	0.866	84.1	19.6	谷类及加工品,食品,油脂,糖类,果酱等
二甲苯	约 140	0.864	94.5	40.0	食品,油脂,肉类,糖类,糖浆等
苯	80.2	0.879	69.25	8.8	谷类,油脂,蛋白质,糖类,糖浆等
庚烷	98.5	0.683	80.0	12.9	油料种子,油脂等
四氯乙烯	120.8	1.627	88.5	17.2	水果,食品

(3) 主要仪器

蒸馏式水分测定仪见图 2 - 5。

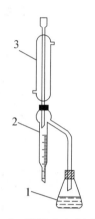

图 2－5　蒸馏式水分测定仪

1—锥形瓶；2—水分接收管，有刻度；3—冷凝管

（4）操作步骤

将准确称取的样品（估计含水为 2～4 mL）装入干燥的锥形瓶中，加入甲苯约 75 mL 使样品全部淹没，连接冷凝管与水分接收管，从冷凝管顶端注入甲苯，装满水分接收管。

加热蒸馏瓶，因水与甲苯的混合物沸点为 84.1 ℃，先需要缓慢蒸馏，调节蒸馏出的速度为冷凝后馏分滴下的速度约 2 滴/s，至大部分水蒸出后再增大蒸馏速度至约 4 滴/s。水近于全部蒸出时再由冷凝器上口注入少量甲苯，洗下内壁可能粘附的小水滴。继续蒸馏片刻，直至接收管中的水量不再增加，上层的甲苯液体澄清透明，不再因含微水滴而混浊为止。如果冷凝器内壁还粘附水滴，可用蘸有甲苯的小长柄毛刷将其推刷下，读取接收管水层的体积。

（5）结果计算

$$X = V/m \times 100$$

式中：X——样品中的水含量，mL/100 g；

　　　V——接收管内水的体积，mL；

　　　m——样品质量，g。

（6）蒸馏法的特点

蒸馏法的特点：热交换充分，水可被迅速移去；发生的化学变化如氧化、分解、挥发等比常压加热干燥法少；设备简单经济，管理方便；准确度能满足常规分析的要求，能够快速测定水；适于含有较多挥发性成分的样品的水测定，分析结果准确。

美国分析化学家协会（AOAC）规定蒸馏法用于饲料、啤酒花、调味品的水测定,特别是香料,蒸馏法是唯一的、公认的水分析方法。

（7）误差原因及解决办法

蒸馏法产生结果误差的原因主要有:① 样品中水没有完全挥发出来;② 水附集在冷凝器、蒸馏器及连接管内壁;③ 水溶解在有机溶剂中;④ 水与有机溶剂易发生乳化现象,形成乳浊液（选用比水重的溶剂 CCl_4 等容易形成乳浊液）,分层不明显,造成读数误差。

相应的解决办法有:① 对分层不理想,造成读数误差,可加少量戊醇或异丁醇防止出现乳浊液;② 对富含糖分,蛋白质的黏性样品,将样品分散涂布于硅藻土上或用蜡纸包裹;③ 充分清洗仪器,防止水附集于内壁。

3. 化学反应法

1935 年德国化学家卡尔·费休（Karl Fischer，1901—1958)首先提出了一种利用库伦滴定即容量分析测定水的方法,现在被许多国家定为标准分析方法。在食品工业,凡是用烘箱法得到异常结果的样品（或用真空烘箱法测定的样品）,均可用本法测定。适用范围有脱水果蔬、糖果、巧克力、油脂、乳粉、炼乳及香料等。

（1）原理

水存在时,碘与二氧化硫可发生氧化还原反应。在有吡啶和甲醇共存时,1 mol 碘只与 1 mol 水作用,反应式如下:

$$H_2O+I_2+SO_2+3C_5H_5N(吡啶)+CH_3OH(甲醇)\Longrightarrow 2C_5H_5N \cdot HI(氢碘酸吡啶)+C_5H_5N(H)SO_4CH_3(甲基硫酸酐吡啶)$$

容量法测定的碘是作为滴定剂加入的,滴定剂中碘的浓度是已知的,根据消耗滴定剂的体积,计算消耗碘的量,从而计算出被测物质水的含量。库仑法测定的碘是通过化学反应产生的,电解液中存在水时,所产生的碘会与水以 1∶1 的关系按照化学反应式进行反应。当所有的水都参与了化学反应,过量的碘会在电极的阳极区域形成,反应终止。

实际上,水、碘与二氧化硫的氧化还原反应是可逆的,当硫酸浓度达到 0.05% 以上时,即能发生逆反应。要使反应向正方向进行,需要加入适当的碱性物质以中和反应过程中生成的酸。实验证明,在体系中加入吡啶,反应会正向顺利进行。但生成的硫酸酐吡啶不稳定,能与水发生反应,消耗一部分水而干扰测定,为了使它稳定,可加无水甲醇。分步反应方程式如下:

$$2H_2O+I_2+SO_2\longrightarrow 2HI+H_2SO_4$$

$$C_5H_5 \cdot I_2+C_5H_5N \cdot SO_2+3C_5H_5N+H_2O\longrightarrow 2C_5H_5N \cdot HI(氢碘酸吡啶)+C_5H_5N \cdot SO_3(硫酸酐吡啶)$$

$C_5H_5N \cdot SO_3$(硫酸酐吡啶)$+CH_3OH$(甲醇)$\longrightarrow C_5H_5N(H)SO_4CH_3$

合并以上反应,得

$H_2O+I_2+SO_2+3C_5H_5N$(吡啶)$+CH_3OH$(甲醇)$\longrightarrow 2C_5H_5N \cdot HI$(氢碘酸吡啶)$+C_5H_5N(H)SO_4CH_3$(甲基硫酸酐吡啶)

可以看出,理论上 1 mol 水需要 1 mol 碘,1 mol 二氧化硫和 3 mol 吡啶及 1 mol 甲醇而产生 2 mol 氢碘酸吡啶和 1 mol 甲基硫酸吡啶。实际上,SO_2、吡啶、CH_3OH 都采用过量,反应完毕后多余的游离碘呈现红棕色,即可确定为到达终点。

常用的卡尔·费休试剂,以甲醇做溶剂,该试剂每毫升相当于 3.5 mg 水,$I_2:SO_2:C_5H_5N=1:3:10$。

(2) 分析仪器

从简易手动到完全自动,卡尔·费休水测定装置经历了很长的历史发展过程,产品形式多样,如图 2-6 所示。

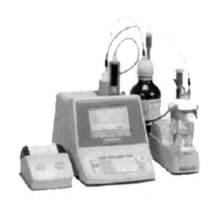

图 2-6 卡尔·费休水测定装置

(3) 说明及注意事项

① 卡尔·费休法适用于多数有机样品,包括食品中糖果、巧克力、油脂、乳糖和脱水果蔬类等样品;

② 卡尔·费休法不仅可测得样品中的自由水,而且可测出结合水,即此法测得结果更客观地反映出样品中总水含量。

③ 卡尔·费休试剂的有效浓度取决于碘的浓度。新鲜配制的试剂有效浓度会降低,由于试剂中各组分本身也会有水。主要是因为发生一些副反应,消耗了一部分碘。新配试剂需放置一定时间后才能使用。临用前均需标定,可采用稳定的水合盐和标准水溶液进行标定,常用的水合盐为二水合酒石酸钠

$(NaC_4H_5O_6 \cdot 2H_2O)$其理论含水量为 15.66%。

④ 滴定终点可用试剂碘本身作为指示剂,试剂中有水存在时,呈淡黄色,接近终点时呈琥珀色,当刚出现微弱的黄棕色时,即为滴定终点,棕色表示有过量碘存在。

容量分析适用于含有 1% 或更多水的样品,产生误差不大。如测微量水或测深色样品时,常用库伦滴定"永停法"确定终点。

⑤ 含有强还原性物质,包括维生素 C 的样品不能测定;样品中含有酮、醛类物质时,会与试剂发生缩酮、缩醛反应,必须采用专用的醛酮类试剂测试。对于部分在甲醇中不溶解的样品,需要另寻合适的溶剂溶解后检测,或者采用卡氏加热炉将水汽化后测定。

⑥ 固体样品细度以 40 目为宜,最好用粉碎机而不用研磨,防止水损失。

项目实施

任务 1　奶粉中水分含量的测定

一、目的

1. 熟练掌握烘箱的使用、天平称重、恒重等基本操作。

2. 学习和领会常压干燥法测定水分的原理及操作要点。

3. 掌握常压干燥法测定全脂乳粉中水分的方法和操作技能。

二、原理

食品中的水分受热以后,产生的蒸气压高于在电热干燥箱中的空气分压,从而使食品中的水分被蒸发出来。食品干燥的速度取决于这个压差的大小。同时由于不断地供给热能及不断地排走水蒸气,从而达到完全干燥的目的。

三、仪器与试剂

1. 实验仪器
称量瓶、干燥器、恒温干燥箱、分析天平、药匙。

2. 试剂
全脂奶粉。

四、测定步骤

取洁净称量瓶,置于(100±5)℃干燥箱中,瓶盖斜支于瓶边,加热 0.5～1.0 h,应取出,置于干燥器中冷却再盖好,否则盖不易打开,置干燥器内冷却 0.5 h,称重,并重复干燥至恒重。称 2.00～10.00 g 奶粉样品,放入此称量瓶中,样品厚度约 5 mm。加盖,精密称重后,置于(100±5)℃干燥箱中,瓶盖斜支于瓶边,干燥 2～4 h 后盖好取出,放入干燥器内冷却 0.5 h 后,称重。然后放回干燥箱中干燥 1 h 左右,取出,冷却 0.5 h,再称重,至前后两次质量差不超过 2 mg,即为恒重。

五、结果处理

1. 实验记录

称量瓶的质量(g)	称量瓶加奶粉的质量(g)	称量瓶加奶粉干燥后的质量(g)

2. 结果计算

$$X = \frac{m_1 - m_2}{m_1 - m_3} \times 100$$

式中:X——奶粉中水分的含量,g/100 g;

　　　m_1——称量瓶和奶粉干燥前的质量,g;

　　　m_2——称量瓶和奶粉干燥后的质量,g;

　　　m_3——称量瓶的质量,g。

思考题

1. 食品中的水存在的形式有哪些?

2. 烘箱干燥法测定水分有什么要求? 测定结果的误差来源有哪些?

3. 试说明蒸馏法测定水分的应用范围。

4. 试说明化学反应法(Karl Fischer 法)测定水分的原理和应用范围。

项目二　灰分的测定

学习目标

一、知识目标

1. 熟悉国家标准检测方法及相关文献的检索知识。

2. 掌握加速灰化的方法。

3. 熟悉总灰分的测定原理,测定条件的选择,测定方法,灰分测定的注意事项。

4. 了解灰分的定义、分类和测定意义,水不溶性灰分的测定,酸不溶性灰分的测定。

二、能力目标

1. 能利用多种手段查阅水分测定的方法。

2. 掌握灰粉测定的操作方法。

3. 能熟练使用高温炉。

4. 能正确进行数据处理。

5. 按要求出具正确的检测报告。

项目相关知识

一、概述

样品经高温灼烧后残留的物质即为灰分。而所谓的高温一般指的是 $550 \sim 600 \ ^\circ C$,可用马弗炉或灰化炉实现。

灰分成分由氧化物与盐组成,包括金属元素和非金属元素,还有微量元素,即除去 C、H、N 之外的元素。根据食品组成的特点,灰分中约含 50 余种元素,包括金属元素如 K、Na、Ca、Mg、Fe;非金属元素如 Cl、S、P、Si;微量元素如 Mn、Co、Cu、Zn。这些成分对人体具有很大生理价值,占人体体重的 $4\% \sim 5\%$。

通常认为动物制品的灰分是一个恒定常数,但是植物制品的情况却是复杂得多。表 2-4 给出了部分食品的平均灰分含量,大部分新鲜食品的灰分含量不高于 5%,纯净的油脂的灰分一般很少或不含灰分,而烟熏肉制品可含有 6% 的灰分,干牛肉含有高于 11.6% 的灰分(按湿基计)。

脂肪、糖类和起酥油含有 0～4.09% 的灰分,而乳制品含有 0.5%～5.1% 的灰分,水果、水果汁和瓜类含有 0.2%～0.6% 的灰分,而干果含有较高的灰分 2.4%～3.5%,面粉类和麦片含有 0.3%～4.3% 的灰分,纯淀粉含有 0.3% 的灰分,小麦胚芽含有 4.3% 的灰分。含糠的谷物及其制品比无糠的谷物及其制品灰分含量高,坚果及其制品含有 0.8%～3.4% 的灰分,肉、家禽和海产品类含有 0.7%～1.3% 的灰分。

表 2-4 常见食品的灰分含量

样品	灰分含量/%	样品	灰分含量/%
鲜肉	0.5～1.2	蛋黄	1.6
鲜鱼(可食部分)	0.8～2.0	新鲜水果	0.2～1.2
牛乳	0.6～0.7	蔬菜	0.2～1.2
淡炼乳	1.6～1.7	小麦胚乳	0.5
甜炼乳	1.9～2.1	小麦	1.5
全脂奶粉	5.0～5.7	精制糖、硬糖	痕量～1.8
脱脂奶粉	7.8～8.2	糖浆、蜂蜜	痕量～1.8
蛋白	0.6	纯油脂	0

根据灰分的物理性质,可将灰分分为水溶性灰分和水不溶性灰分;水溶性灰分一般为 K、Na、Ca 的氧化物和可溶性盐。而水不溶性灰分是食品加工过程中污染的泥沙,铁、铝的金属氧化物,碱土金属的碱性硫酸盐等。

根据灰分的酸碱性,可将灰分分为酸溶性灰分和酸不溶性灰分。其中酸溶性灰分为可溶解于酸中的灰分;而酸不溶性灰分为污染的泥沙及其本身含有的 SiO_2。

食品中的总灰分是一有效的质量控制指标。如通过测定灰分可判断小麦、大米加工的精度。在面粉划分等级时往往采用灰分指标,这是因为小麦麸皮的灰分含量比胚乳高 20 倍。如富强粉灰分应为 0.3%～0.5%,标准粉灰分应为 0.6%～0.9%。

方便面也是灰分越小,其加工精度越高,灰分一般要求控制在 0.4% 以下。

灰分的多寡还可以判定食品是否符合卫生要求,有无污染。文献记载,牛乳总灰分在 0.6%～0.9% 范围,而在实际测定中,牛乳总灰分很少低于 0.68% 或者高于 0.74%,即在 0.68%～0.74% 范围内。如果牛乳中测定的总灰分含量低于 0.68% 或者高于 0.74%,则可判断牛乳中可能掺假了。

果汁、果酱的浓度与其水果汁含量有关,测定其灰分,便可知果酱是否掺假。灰分是明胶、果胶类凝胶制品胶冻性能的标志。

测定产品的灰分含量也可检验食品加工过程中的污染情况。所以,灰分也是食品成分分析的项目之一。

二、样品制备

测定灰分时,既可以用测定水分之后的样品,也可以用未经处理的样品。样品制备过程中要根据其含水量、组成等要素进行处理。

液态样品或者水分含量较高的样品不能直接进入高温炉中灰化,必须先进行蒸发或者烘干等预处理才能进行后续的步骤。果汁、牛乳等液体试样,应准确称取适量试样于已知重量的瓷坩埚(或蒸发皿)中,置于水浴上蒸发至近干,再进行炭化。这类样品若直接炭化,液体沸腾,易造成溅失。果蔬、动物组织等水分含量较高的样品,先制备成均匀样品,再准确称取样品置于已知重量的坩埚中,放烘箱中干燥(先 60～70 ℃,后 105 ℃),再炭化。也可取测定水分后的干燥试样直接进行炭化。

富含脂肪的样品,应把试样制备均匀,准确称取一定量的试样,先提取脂肪,再将残留物移入已知重量的坩埚中,进行炭化。

谷物、豆类等水分含量较少的固体试样,先粉碎成均匀的试样,取适量试样于已知重量的坩埚中再进行炭化。样品不能磨得太细,过细时往往导致有机物氧化不完全。

富含糖、蛋白质、淀粉的样品在灰化前滴加几滴纯植物油,以防止炭化过程中发泡溢出而导致损失。

在灰化之前,大多数的干制品无须制备(如完整的谷粒、谷类食品、脱水蔬菜),而新鲜蔬菜则必须干燥;高脂样品(如肉类)必须先干燥、脱脂;水果和蔬菜必须考虑水溶性灰分和灰分的碱度,并按湿基或干基计算食品的灰分含量;灰分的碱度可有效地测定食品的酸碱平衡和矿物质含量,以检测食品的掺杂情况。

根据试样的种类和性状决定取样量。食品中的灰分与其他成分相比,相对含量较少,例如谷物及豆类为 1%～4%,蔬菜为 0.5%～2%,水果为 0.5%～1%,鲜鱼、贝类为 1%～5%,而精糖只有 0.01%。所以取样时应考虑称量误差,以灼烧后得到的灰分量为 10～100 mg 来决定取样量。

乳粉、大豆粉、麦乳精、调味料、水产品等取样 1～2 g；谷物及制品、肉及制品、糕点、牛乳等取 3～5 g；蔬菜及制品、砂糖及制品、蜂蜜、奶油等取 5～10 g；水果及制品取 20 g；油脂取 50 g。

三、总灰分测定

1. 炭化和灰化

炭化同碳化，一般指生物质在缺氧或贫氧条件下的一种热解技术，在灰分测定过程中，为了防止样品在高温灰化时由于反应过度剧烈而导致灰分损失而采取的步骤。

准确称取一定量已处理好的样品至坩埚中，半盖坩埚盖，用电炉或煤气灯加热，样品逐渐炭化，直至无黑烟产生。炭化时要注意热源强度，缓慢进行，干馏时会产生大量气体，如温度升高太急，会急速产生气体将颗粒带走。对易膨胀、发泡的如含糖、蛋白多的样品，可在样品上加数滴辛醇或纯植物油，再进行炭化。

炭化处理的目的是：① 防止在直接高温灼烧时，因灼烧温度过高，试样中的水分急剧蒸发，而使试样飞扬损失；② 防止糖、蛋白质、淀粉等易发泡膨胀的物质在高温灼烧时发泡膨胀而溢出坩埚；③ 不经炭化而直接灰化时，碳粒易被包裹住，导致灰化不完全。

炭化后，把坩埚移入已达规定温度（500～600 ℃）的高温炉炉口处，稍停留片刻，再慢慢地移入炉膛内，坩埚盖斜倚在坩埚口，关闭炉门。灼烧时间视样品种类、性状而异，至灰中无碳粒存在即可。打开炉门，将坩埚移至炉口处冷却至 200 ℃左右，移入干燥器中冷却至室温，准确称重，再灼烧、冷却、称重，直至达到恒重，该过程称为灰化。

食品在灰化过程中发生的化学变化。

（1）有机物中脂肪、蛋白质、碳水化合物等首先脱水，炭化，然后碳与空气中氧气生成 CO_2，一部分逸散。

（2）蛋白质中的氮生成 N_2 或 NH_3，逸散。

（3）有机酸盐转变成无机酸盐，如植物性食品中常含有草酸钙，经高温加热分解成 $CaCO_3$，进一步加热分解为 CaO。

（4）含 S、P 的氨基酸生成含 S、P 的盐类，如硫酸根离子和磷酸根离子。

（5）磷酸盐在阴离子多的情况下产生 P_2O_5。

（6）砷在 100 ℃以上直接挥发。

2. 灼烧条件选择

灼烧温度通常控制在 500～700 ℃，选择原则是经过高温灼烧后，样品中的有机成分被去除而无机成分保留。灼烧温度较低时,灰化时间则较长。为了缩短灰化时间,可采用快速灰化方法,即选择灼烧温度为 700 ℃,但是在快速灰化过程中需要加入固定剂,使无机成分不易因温度过高而有所损失。

在快速灰化过程中,有机物会发生以下的变化:碳水化合物,一般在 330~350 ℃ 易发生分解,以二氧化碳气体和水蒸气形式逸出坩埚;对于高糖或胶体食品,可能产生炭化,从而引起发泡或膨胀,使样品逸出,引起损失,所以这类物质应缓慢加热,控制发泡,或者加入几滴植物油。脂肪在 350 ℃ 冒烟,此时要控制温度,防止脂肪着火,否则脂肪燃烧后可能使部分微粒散失。蛋白质在 350 ℃ 冒烟,不采用灼烧的方式,往往采用湿法灰化。蛋白质在 350 ℃ 时易分解,但赖氨酸不易分解,故蛋白质中赖氨酸含量较大时,应延长消化时间。蛋白质中组氨酸、色氨酸都含有杂环,也不易分解。若用干法灰化,动物蛋白质需要在高温(550~600 ℃)下才能灰化。

灼烧时间一般不固定,而是通过观察残留物(灰分)的颜色是否为全白色或浅灰色,内部无残留的炭块,并是否达到恒重为止,即两次结果相差<0.5 mg 进行判断。

若样品灰化完全,残灰一般呈白色或浅灰色。若残留物(灰分)的颜色呈红褐色,则说明食品中含有大量的 Fe_2O_3;若残留物(灰分)的颜色呈蓝绿色,说明食品中存在较高含量的锰盐和铜盐。有时即使残留物(灰分)的表面呈白色,内部仍残留有黑色的炭块,则表明灼烧时间不足,应继续高温灼烧。所以,应根据样品的组成、性状注意观察残灰的颜色,正确判断灰化程度。

对于已做过多次测定或常规灰分项目的样品,可根据经验限定灰化时间。总的灰化时间一般为 2~5 h,要注意灰化时间一般是从指定的温度开始计时。

3. 坩埚

测定灰分通常以坩埚作为灰化容器,个别情况下也可使用蒸发皿。坩埚盖子与坩埚要配套。坩埚材质分为素烧瓷坩埚(图 2-7)、铂坩埚(图 2-8)、石英坩埚、铁坩埚和镍坩埚等。

图 2-7 瓷坩埚

图 2-8 铂坩埚

素烧瓷坩埚的优点是耐高温,灼烧温度可达 1 200 ℃,内壁光滑,耐酸,价格低廉。缺点是耐碱性差,灰化碱性食品如水果、蔬菜、豆类等时,坩埚内壁的釉质会部分溶解,经反复多次使用后,往往难以得到恒重。如将坩埚移入预热高温炉时或者将坩埚从经高温灼烧的高温炉中移出时,由于温度骤变易炸裂破碎。

铂坩埚的优点是耐高温,灼烧温度可高达 1 773 ℃,导热性良好,耐碱,耐HF,吸湿性小。其缺点是价格昂贵,约为黄金的 9 倍,需有专人保管,以免丢失;使用不当会腐蚀或发脆。

近年来,一些国家采用铝箔杯作灰化容器。它自身质量轻,在 525～600 ℃范围内使用稳定、冷却效果好,在一般温度下没有吸湿性;如果将铝箔杯上缘折叠封口,具有良好的密封性;冷却阶段,铝箔杯可不放入干燥器内,几分钟后就可以降到室温,缩短了冷却时间。

灰化容器的大小要根据试样的性状选用,需要前处理的液态样品、加热易膨胀的样品及灰分含量低、取样量较大的样品,需选用稍大的坩埚;或选用蒸发皿,但灰化容器过大会使称量误差增大。

使用坩埚时要注意:放入高温炉或从炉中取出时,要放在炉口停留片刻,使坩埚预热或冷却,防止因温度剧变而使坩埚破裂。从干燥器中取出冷却后的坩埚时,因内部成真空,开盖恢复常压时应让空气缓缓进入,以防残灰飞散。使用过的坩埚,应把残灰及时倒掉,初步洗刷后,用粗(废)HCl 浸泡 10～20 min,再用水冲刷洗净。

4. 高温炉

高温炉,又名马弗炉、电阻炉、箱式回火炉、箱式电阻炉(图 2-9),用于金属熔融、有机物灰化及重量分析沉淀的灼烧等。高温炉由加热、保温、测温等部分组成,有配套的自动控温仪设定、控制、测量炉内的温度。

高温炉的最高使用温度可达到 1 000 ℃左右,炉膛以传热性能良好、耐高温而无胀碎裂性的炭化硅材料制成,外壁有形槽,槽内嵌入电阻丝以供加热。耐火材料外围包裹着一层很厚的绝缘耐热镁砖石棉纤维,以减少热量损失。钢质外壳以铁架支撑。炉门以绝缘耐火

图 2-9 高温炉

材料垫衬,正中有一孔以透明云母片封闭用做观察炉膛的加热情况。伸入炉膛中心的是一支热电偶,用于测定温度。热电偶的冷端与高温计输入端连接,构成

一套温度指示和自动控温系统。

使用时,先用毛刷仔细扫清炉膛内的灰尘和机械性杂质,放入已经炭化完全的盛有样品的坩埚,关闭炉门。开启电源,指示灯亮,将高温计的黑色指针拨至所需的灼烧温度。随着炉膛温度的升高,高温计上指示温度的红针向黑针移动,当红针与黑针对准时,控温系统自动断电;当炉膛温度降低,红针偏离与黑针对准的位置时,电路自动导通,如此实现自动恒温。达到所需要的灼烧时间后,切断电源。待炉膛温度降低至200 ℃左右,开启炉门,用长柄坩埚钳取出灼烧样品,在炉门口放置片刻,进一步冷却后置于干燥器内保存备用。关闭炉门,做好整理工作。

马弗炉和控制器必须在相对湿度不超过85％、没有导电尘埃、爆炸性气体或腐蚀性气体的场所工作。凡有油脂之类需进行加热时,有大量挥发性气体将影响和腐蚀电热元件表面,使之销毁和缩短寿命。因此,加热时应及时预防和做好密封容器或适当开孔加以排除。

5. 操作步骤

总灰分测定的流程如下:

马弗炉的准备→坩埚的准备→称样→样品炭化→灰化 1 h→取出→移入干燥器冷却→恒重→结果计算

（1）马弗炉(高温炉)的准备。接通电源,设定使用温度,开启加热开关,预热至设定温度。

（2）坩埚的准备。常用瓷坩埚,无论是新购或者陈旧的坩埚,均用 HCl(1∶4)煮沸 1～2 h,洗净晾干。用 0.5％氯化铁与蓝墨水的混合物在坩埚外壁及盖子上编号。打开马弗炉,用长柄坩埚钳夹住瓷坩埚,先移放在炉口预热,然后置于马弗炉中灼烧 1 h,移至炉口稍冷,最后移至干燥器中冷却至室温,准确称重。然后再至马弗炉中灼烧 0.5 h,冷却干燥后称重,恒重(两次称重之差不大于0.5 mg)后,此为空坩埚质量。

炉内各部位的温度有差异,假如设定 550 ℃,炉内热电偶附近为 550 ℃±10 ℃,中间部位为 540 ℃±10 ℃,前面部分为 510 ℃±10 ℃,无论炉子大小,门口部分温度均为最低,因此,应尽量将坩埚放入炉膛内部。每次放取时,都要放在门口缓冲一下温差,否则由于温差过大会导致瓷坩埚破裂。坩埚盖侧盖埚体上。

（3）结果计算

测定时未做空白试验

$$X_1 = \frac{m_1 - m_2}{m_3 - m_2} \times 100\%$$

测定时做空白试验

$$X_2 \doteq \frac{m_1 - m_2 - m_0}{m_3 - m_2} \times 100\%$$

式中：X_1，X_2——试样中灰分的含量，%；

m_0——空白试验残灰的质量，g；

m_1——坩埚和灰分的质量，g；

m_2——坩埚的质量，g；

m_3——坩埚和试样的质量，g。

试样中灰分含量≥10 g/100 g 时，保留三位有效数字；试样中灰分含量＜10 g/100 g 时，保留两位有效数字。在重复性条件下获得的两次独立测定结果的绝对差值不得超过算术平均值的 5%。

6. 加速灰化的方法

贝类、内脏、种子等含有大量蛋白质和磷，灰化时间较长，需加速，可采用以下方法。

（1）添加灰化助剂。初步灼烧后，放冷，加入几滴氧化剂（1∶1 硝酸或 30% 双氧水），蒸干后再灼烧至恒重，氧化速率大大加快。若食盐较多，则可添加 30% 双氧水。糖类样品残灰中加入硫酸，可以进一步加速。

疏松剂（固定剂）如 10%$(NH_4)_2CO_3$ 等，在灼烧时分解为气体逸出，使灰分呈松散状态，促进灰化。$MgAc_2$、$Mg(NO_3)_2$ 等助灰化剂随灰化分解，与过剩的磷酸结合，残灰不熔融而呈松散状态，避免碳粒被包裹，可缩短灰化时间。但生成的 MgO 会导致结果偏高，应做空白试验。添加 MgO、$CaCO_3$ 等惰性不熔物质，与灰分混杂，产生疏松作用，使氧能完全进入样品内部，使碳完全氧化。这些盐不挥发，保留在样品内，使残灰增重，应做空白试验。

（2）采用二步法。首先按常规进行炭化，取出，冷却，从灰化容器边缘慢慢加入少量去离子水，使残灰充分湿润（不可直接洒在残灰上，以防残灰飞扬损失），用玻璃棒研碎，使水溶性盐类溶解，被包住的碳粒暴露出来，把玻璃棒上的粘着物用水冲进容器里，在水浴上蒸发至干，然后在 120～130 ℃烘箱内干燥，再灼烧灰化至恒重。

四、水不溶性灰分测定

将测定所得的总灰分，称量计算后，加约 25 mL 热去离子水，加热，接近沸腾时用无灰滤纸过滤，分多次洗涤坩埚、滤纸及残渣（不超过 60 mL）。将残渣及无灰滤纸一起移回原坩埚中，再水浴上蒸发至干，移入干燥箱中干燥，再进行炭化、灼烧灰化、冷却、称量,至恒重。

计算公式:

$$水不溶性灰分含量(\%)=\frac{m_1-m_0}{m_2-m_0}\times100\%$$

式中:m_0——坩埚的质量,g;

　　m_1——坩埚和水不溶性灰分的质量,g;

　　m_2——坩埚和试样的质量,g。

试样中水溶性灰分含量(%):

　　水溶性灰分含量(%)=总灰分含量(%)-水不溶性灰分含量(%)

五、酸不溶性灰分测定

取水不溶性灰分或总灰分的残留物,加入 25 mL 的 0.1 mol/L 的 HCl 替代水,使灰分溶解,放在小火上轻微煮沸,用无灰滤纸过滤后,用 0.1 mol/L HCl 洗涤滤纸、坩埚数次后,再用热水洗涤至不显酸性为止,将无灰滤纸置于坩埚中进行干燥、炭化、灰化,直到恒重。

试样酸不溶性灰分含量(%)按下式计算:

$$酸不溶性灰分含量(\%)=\frac{m_1-m_0}{m_2-m_0}\times100\%$$

式中:m_0——坩埚的质量,g;

　　m_1——坩埚和酸不溶性灰分的质量,g;

　　m_2——坩埚和试样的质量,g。

试样中酸溶性灰分含量(%):

　　酸溶性灰分含量(%)=总灰分含量(%)-酸不溶性灰分含量(%)

无灰滤纸(定量滤纸)的化学纯度高,疏松多孔,有一定过滤速度,显中性,耐稀酸,按灰分分为三个等级:甲级滤纸灰分含量<0.01%;乙级滤纸灰分含量<0.03%;丙级滤纸灰分含量<0.06%。

六、误差产生原因

1. 产生挥发性物质。

样品中的汞,低温时就可以蒸汽形式蒸发。铁、铬、镉易与氯生成氯化物而易蒸发(可加入固定剂来避免损失)。

2. 生成不溶性残留物。

3. 生成无机盐的熔融物。

4. 与瓷坩埚发生反应(特别是碱金属与釉发生反应)。

5. 灰分过度灼烧。

6. 灼烧后重新吸湿。

七、说明和注意事项

从干燥器中取出冷却的坩埚时,因内部成真空,开盖恢复常压时应让空气缓缓进入,以防残灰飞散。灰化后的残渣可留作 Ca、P、Fe 等成分分析。用过的坩埚,应把残灰及时倒掉,初步洗刷后,用粗(废)HCl 浸泡 10～20 min,再用水冲刷洗净。测定值中小数点后保留 1 位小数。测定食糖中总灰分可用电导法,简单、迅速、准确、免泡沫的麻烦。

项目实施

任务 1　面粉中灰分的测定

一、目的

1. 了解灰分测定的意义和原理。

2. 掌握面粉中总灰分的测定方法。

3. 掌握马弗炉的使用方法。

二、原理

一定量的样品炭化后放入马弗炉内灼烧,使有机物质被氧化分解成二氧化碳、氮的氧化物及水等形式逸出,剩下的残留物即为灰分,称量残留物的质量即得总灰分的含量。

三、仪器与试剂

1. 实验仪器

电子天平($d=0.1$ mg)、马弗炉、电炉、坩埚、干燥器。

2. 试剂

1∶4 盐酸溶液、0.5% 三氯化铁溶液和等量蓝墨水的混合液。

四、实验步骤

1. 瓷坩埚的准备

将坩埚用盐酸(1∶4)煮 1~2 h,洗净,晾干。用三氯化铁与蓝墨水的混合液在坩埚外壁及盖上写编号,置于 500~550 ℃马弗炉中灼烧 1 h,于干燥器内冷却至室温,称重。反复灼烧、冷却、称重,直至恒重(两次称重之差小于 0.5 mg),记录质量 m_1。

2. 称重样品

准确称取 1~20 g 样品于坩埚内,记录质量 m_2。

3. 炭化

将盛有样品的坩埚放在电炉上小火加热炭化至无黑烟产生。

4. 灰化

将炭化好的坩埚慢慢移入马弗炉(500~600 ℃),盖侧盖在坩埚上,灼烧 2~5 h,直至残留物呈灰白色为止。冷却至 200 ℃ 以下时,再放入干燥器冷却,称重。反复灼烧、冷却、称重,直至恒重(两次称量之差小于 0.5 mg),记录质量 m_3。

五、结果处理

面粉中总灰分的含量按下式计算:

$$X = \frac{m_1 - m_2}{m_3 - m_2} \times 100\%$$

式中:X——试样中灰分的含量,%;

　　　m_1——坩埚和灰分的质量,g;

　　　m_2——坩埚的质量,g;

　　　m_3——坩埚和试样的质量,g。

思考题

1. 简述食品在炭化和灰化过程中的化学变化。
2. 灰分测定时为什么要采用对样品先进行炭化?
3. 灰分测定时如何选择灼烧条件? 测定结果的误差来源有哪些?

项目三　食品中酸度及有机酸的测定

学习目标

一、知识目标

1. 熟悉国家标准检测方法及相关文献的检索知识。
2. 了解食品中酸度的概念与测定意义。
3. 掌握可滴定酸度基本原理和测定方法。

二、能力目标

1. 能利用多种手段查阅酸度测定的方法。
2. 能熟练使用酸度计测定食品的有效酸度。
3. 能正确进行数据处理。
4. 能根据不同的食品样品特点进行总酸度的测定。

项目相关知识

一、概述

食品中的酸不仅可作为酸性成分,而且在食品的加工、储藏及品质管理等方面被认为是重要的成分,因此测定食品中的酸度具有十分重要意义。

1. 有机酸影响食品的色、香、味及稳定性

果蔬中所含色素的色调,与其酸度密切相关,在一些变色反应中,酸是起重要作用的成分。如叶绿素在酸性条件下会变成黄褐色的脱镁叶绿素;花青素于不同酸度下,颜色亦不相同。果实及其制品的口感取决于糖、酸的种类、含量及比例,酸度降低则甜味增加,同时水果中适量的挥发酸含量也会带给其特定的香气。另外,食品中有机酸含量高,则其 pH 值低,而 pH 值的高低,对食品稳定性有一定影响,降低 pH 值,能减弱微生物的抗热性和抑制其生长,所以 pH 值是果蔬罐头杀菌条件的主要依据。在水果加工中,控制介质 pH 值可以抑制水果

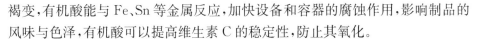

褐变,有机酸能与Fe、Sn等金属反应,加快设备和容器的腐蚀作用,影响制品的风味与色泽,有机酸可以提高维生素C的稳定性,防止其氧化。

2. 食品中有机酸的种类和含量是判别其质量好坏的一个重要指标

挥发酸的种类是判别某些制品腐败的标准,如某些发酵制品中有甲酸积累,则说明已发生细菌性腐败;挥发酸的含量也是某些食品质量好坏的指标,如水果发酵制品中含有0.1%以上的醋酸,则说明制品腐败,牛乳及乳制品中乳酸过高时,亦说明已由乳酸菌发酵而产生腐败;新鲜的油脂常常是中性的,不含游离脂肪酸,但油脂在存放过程中,本身含的解脂酶会分解油脂产生游离脂肪酸,使油脂酸腐败,故测定油脂酸度(以酸价表示)可判别其新鲜程度。有效酸度也是判别食品质量的指标,如新鲜肉的pH值为5.7~6.2,如pH>6.7,说明肉已变质。

3. 利用有机酸的含量与糖含量之比,可判断某些果蔬的成熟度

有机酸在果蔬中的含量,因其成熟度及生长条件不同而异,一般随着成熟度提高,有机酸含量下降,而糖含量增加,糖酸比增大(表2-5)。故测定酸度可判断某些果蔬的成熟度,对于确定果蔬收获及加工工艺条件很有意义。

表2-5 常见水果中重要的酸度和糖度

水果	主要的酸	酸度%	糖度%
苹果	苹果酸	0.27~1.02	9.12~13.5
香蕉	苹果酸/柠檬酸(3:1)	0.25	16.5~19.5
樱桃	苹果酸	0.47~1.86	13.4~18.0
越橘	柠檬酸 苹果酸	0.9~1.36 0.7~0.98	12.9~14.2
葡萄柚	柠檬酸	0.64~2.10	7~10
葡萄	酒石酸/柠檬酸(3:2)	0.84~1.16	13.3~14.4
柠檬	柠檬酸	4.2~8.33	7.1~11.9
莱姆酸橙	柠檬酸	4.9~8.3	8.3~14.1
橙	柠檬酸	0.68~1.20	9~14
桃	苹果酸/柠檬酸	1~2	11.8~12.3
梨	柠檬酸	0.34~0.45	11~12.3
菠萝	柠檬酸	0.78~0.84	12.3~16.8
覆盆子	柠檬酸	1.57~2.23	9~11.1
草莓	柠檬酸	0.95~1.18	8~10.1
番茄	柠檬酸	0.2~0.6	4

在食品分析中有两种相关的酸度概念：pH 和可滴定酸度，这两者应采用不同的定量分析方法，对食品品质的影响也不尽相同。

可滴定酸度是测定食品中的总酸度，通过标准碱滴定所有的酸度来定量分析，因此，比 pH 更能真实反映食品的风味。可是，总酸度并不能说明所有问题，食品建立的复杂缓冲体系可采用游离酸度的基本单位氢离子(H^+)来表达。甚至在缺乏缓冲体系时，仍然有不到 3% 的存在于食品中的多种酸被电离成 H^+ 与离子对（它的共轭碱），其含量往往被缓冲溶液所掩蔽。在水溶液中，H^+ 和水结合形成水合氢离子(H_3O^+)。一个重要的例子是在某些食品中，微生物的生长能力更多地取决于 H_3O^+ 浓度，而不是滴定酸度。对游离 H_3O^+ 浓度的定量从而引出了第二个重要的酸度— pH。pH 所表示的酸度值为 1～14。pH 是用数学表达式来表示 H_3O^+ 的简明符号。现代食品分析中，pH 值通常用 pH 计来测定，有时也用 pH 试纸测定。

二、样品分析

AOAC 提供了食品可滴定酸度的测定方法，然而，大多数样品的可滴定酸度的测定均采用常规方法，并且各种不同的方法有许多相同的步骤。一般为一定量的样品（通常是 10 mL）用标准碱液（通常是 0.1 mol/L）滴定，用酚酞作指示剂。当样品因有颜色不能使用指示剂辨别滴定终点时，可用电位滴定确定滴定终点。

典型的电位滴定和指示剂滴定的装置见图 2 - 10 所示。当使用终点指示剂手动滴定时，通常使用锥形瓶，可用磁力搅拌，也可以用手摇荡混合样品，滴定速度要慢而均匀直到接近终点，最后以滴状加入，直至滴定到终点后放置一定的时间（通常是 5～10 s）不褪色为止。

当用电位滴定分析样品时，通常由于 pH 电极较大，要求使用烧杯而不是锥形瓶，但在使用磁力搅拌时，烧杯比锥形瓶易造成溶液飞溅而造成损失，其他的实际操作如指示剂滴定法所述的完全相同。

当滴定高浓度、含胶质或微粒的样品时，会遇到许多问题。这些物质减缓了酸在样品液中的分散，导致滴定终点的消失。浓缩液一般可采用去 CO_2 的水稀释，然后再滴定稀释的溶液，最后换算成初始浓度。淀粉和类似的弱胶质通常用去 CO_2 的水进行稀释，充分混合，其滴定方法与浓缩液类似，然而面对一些果胶和食物胶体，需要搅拌混合以破坏胶体基质，混合过程中偶尔会有许多泡沫，可用消泡剂或真空脱气来清除。

样品处理后，其中的微粒常会引起 pH 的变化，达到酸平衡可能需几个月的时间,因此含颗粒食品在滴定前必须充分粉碎搅匀,但粉碎时易混入大量空气,对测定结果的准确性带来影响。当样品中混入空气时,等分样品可采用称重方法。

三、食品中的酸度

1. 总酸度:指食品中所有酸性成分的总量。它包括未离解的酸的浓度和已离解的酸的浓度,其大小可用滴定法确定,故总酸度又称为"可滴定酸度"。

2. 有效酸度:指被测溶液中 H^+ 的浓度,准确地说应是溶液中 H^+ 的活度,所反映的是已离解的那部分酸的浓度,常用 pH 值表示,其大小可用酸度计(即 pH 计)测定。

3. 挥发酸:指食品中易挥发的有机酸,如甲酸、醋酸及丁酸等低碳链的直链脂肪酸,其大小可通过蒸馏法分离,再用标准碱滴定测定。

4. 牛乳酸度:有两种。

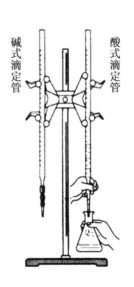

a. 电位滴定的装置　　　　　　b. 指示剂滴定的装置

图 2－10　酸碱滴定装置

外表酸度又叫固有酸度(潜在酸度),是指刚挤出来的新鲜牛乳本身所具有的酸度,是由磷酸、酪蛋白、白蛋白、柠檬酸和 CO_2 等所引起的。外表酸度在新鲜牛乳中占 $0.15\%\sim0.18\%$(以乳酸计)。

真实酸度:也叫发酵酸度,是指生乳放置过程中,在乳酸菌作用下乳糖发酵产生了乳酸而升高的那部分酸度。若牛乳中含酸量超过 0.2%。即表明有乳酸存在,因此习惯上将 0.2% 以下含酸量的牛乳称为新鲜牛乳,若达 0.3% 就有酸味,0.6% 能凝固。

具体表示牛乳酸度的方法也有两种。

① 用吉尔涅尔度(°T)表示牛乳的酸度。°T 指滴定 100 mL 牛乳样品消耗 0.100 0 mol/L 氢氧化钠溶液的毫升数,或滴定 10 mL 牛乳所用去的 0.100 0 mol/L 氢氧化钠的毫升数乘以 10,即为牛乳的酸度。新鲜牛乳的酸度为 16~18 °T。

② 以乳酸的百分数来表示,与总酸度计算方法同样,用乳酸表示牛乳酸度。

四、食品中总酸度的测定

1. 原理

食品中的有机酸用标准碱滴定时,被中和生成盐类。用酚酞作指示剂,滴定至溶液呈淡红色,半分钟不褪色为终点。根据消耗标准碱的浓度和体积,计算出样品中总酸含量。其反应式如下:

$$ROOH + NaOH \longrightarrow RCOONa + H_2O$$

此法适用于果蔬制品、饮料、乳制品、酒、蜂产品、淀粉制品、谷物制品和调味品等食品中总酸的测定,不适用于深色或浊度大的食品。

2. 实验仪器

(1) 组织捣碎机;

(2) 研钵;

(3) 水浴锅;

(4) 滴定分析用玻璃器皿;

(5) 分析天平。

3. 试剂

(1) 0.10 mol/L、0.01 mol/L、0.05 mol/L 氢氧化钠标准滴定溶液。

(2) 1% 酚酞溶液(称取 1 g 酚酞,溶于 100 mL 95% 乙醇中)。

所有试剂均使用分析纯;分析用水应符合 GB/T 6682 规定的二级水规格或蒸馏水,使用前应经煮沸、冷却。

4. 操作方法

(1) 试样的制备

① 液体样品　不含 CO_2 的样品,充分混合均匀,置于密闭玻璃容器内。含 CO_2 的样品,按下述方法排除 CO_2:取至少 200 mL 充分混匀的样品,置于 500 mL 锥形瓶中,旋摇至基本无气泡,装上冷凝管,置于水浴锅中,待水沸腾后

保持 10 min，取出，冷却。

②　固体样品　去除不可食部分，取有代表性的样品至少 200 g，置于研钵或组织捣碎机中，加入与试样等量的水，研碎或捣碎，混匀。面包应取其中心部分，充分混匀，直接制备试液。

③　固液体样品　按样品的固、液体比例至少取 200 g，去除不可食部分，用研钵或组织捣碎机研碎或捣碎，混匀。

（2）试液的制备

取 25～50 g 上述试样，精确至 0.001 g，置于 250 mL 容量瓶中，用水稀释至刻度。含固体的样品至少放置 30 min（摇动 2～3 次）。用快速滤纸或脱脂棉过滤，收集滤液于 250 mL 锥形瓶中备用。（总酸低于 0.7 g/kg 的液体样品，混匀后可直接取样测定）

（3）测定

取 25.00～50.00 mL 上述溶液，使之含 0.035～0.070 g 酸，置于 250 mL 烧杯中，加 40～60 mL 水及 2 滴 1% 酚酞指示剂（1 g/100 mL），用 0.10 mol/L 氢氧化钠标准滴定溶液（如样品酸度较低，可用 0.010 mol/L 或 0.05 mol/L 氢氧化钠标准滴定溶液）滴定至微红色 30 s 不褪。记录消耗 0.10 mol/L 氢氧化钠标准滴定溶液的体积（V_1），平行测定两次。同时做空白试验，记录消耗 0.10 mol/L 氢氧化钠标准滴定溶液的体积（V_2）。

5. 结果计算

总酸度以每千克（或每升）样品中酸的质量（g）表示，按下式计算：

$$X = \frac{c \times (V_1 - V_2) \times K \times F}{m} \times 1\,000$$

式中：X——总酸度，g/kg（或 g/L）；

c——NaOH 标准溶液的浓度，mol/L；

V_1——滴定试液时消耗 NaOH 标准溶液的体积，mL；

V_2——空白试验时消耗 NaOH 标准溶液的体积，mL；

F——试液的稀释倍数；

m——试样的质量（或体积），g 或 mL；

K——酸的换算系数，即与 1 mmol NaOH 所相当的主要酸的质量（克），g/mmol。苹果酸为 0.067，酒石酸为 0.075，乙酸为 0.060，草酸为 0.045，乳酸为 0.090，柠檬酸为 0.064，柠檬酸（含 1 分子结晶水）为 0.070，磷酸为 0.033，盐酸为 0.036。

如两次测定结果差在允许范围内，则取两次测定结果的算术平均值报告结果。同一样品的两次测定值之差,不得超过两次测定平均值的 2%。

6. 说明

(1) 样品浸渍、稀释用蒸馏水不能含有 CO_2,含有 CO_2 的饮料、啤酒等样品在测定之前必须除去 CO_2。

(2) 试液稀释用水量应依样品中总酸含量来选择,为使误差不超过允许范围,一般要求滴定时消耗 0.10 mol/L NaOH 标准溶液不得少于 5 mL,最好在 10~15 mL。

(3) 若样液有颜色,在滴定前用与样液同体积的不含 CO_2 蒸馏水稀释之,或采用试验滴定法,即对有色样液,用适量无 CO_2 蒸馏水稀释,并按 100 mL 样液加入 0.3 mL 酚酞的比例加入酚酞指示剂。用标准 NaOH 溶液滴定至近终点时,取此溶液 2~3 mL 移入盛有 20 mL 无 CO_2 蒸馏水的小烧杯中(此时,样液颜色相当浅,易观察酚酞的颜色)。若实验表明还没有达到终点时,将特别稀释的样液倒回原样液中,继续滴定直至终点出现为止。用这种在小烧杯中特别稀释的方法,能观察临近终点时几滴 0.10 mol/L NaOH 溶液所产生的酚酞颜色差别。

(4) 各类食品的酸度以主要酸表示,有些食品(如乳品、面包等)亦可用中和 100 g(mL)样品所需 0.10 mol/L NaOH 溶液的体积(mL)表示,符号为°T,鲜牛乳的酸度为 16~18 °T,面包酸度一般为 3~9 °T。

五、食品酸度测定的其他方法

高效液相色谱法(HPLC)和电化学法都可用来测定食品中的酸度。这两种方法可以鉴定特定的酸。HPLC 法用折光、紫外吸收,或用酸的某些电化学检测器检测。抗坏血酸有强的电化学信号,在 265 nm 处有强吸收,其他有机酸的吸收波长都在 200 nm 以上。

许多酸能用电化学方法如伏安法和极谱法测定,在理想情况下,电化学方法的灵敏度和专一性是独特的。然而,杂质的存在常阻碍了电化学方法的可行性。

不同于滴定法,色谱法和电化学法不能区分酸和它的共轭碱,而两种物质不可避免地共存于食品体系内在的缓冲体系,这使得仪器测定法比滴定法测定的数值高出 50%,因此,糖酸比只建立在滴定法测定的酸度基础上。

项目实施

任务1　果汁饮料中总酸及 pH 值的测定

一、目的

1. 掌握碱滴定法测定总酸的原理及操作要点。
2. 熟练掌握酸度计的使用方法和技能。

二、原理

除去 CO_2 的果汁饮料中的有机酸,用 NaOH 标准溶液滴定时,被中和成盐类。以酚酞为指示剂,滴定至溶液呈淡红色,0.5 min 不褪色为终点。根据所消耗的标准溶液的浓度和体积,即可计算出样品中酸的含量。

利用酸度计(pH 计)测定果汁饮料中的有效酸度(pH),是将玻璃电极和甘汞电极插入果汁饮料中,组成一个电化学原电池,其电动势的大小与溶液的 pH 有关,从而可通过对原电池电动势的测量,在 pH 计上直接读出果汁饮料的 pH。

三、仪器与试剂

1. 实验仪器

电炉、酸度计、碱式滴定管、洗耳球、分析天平。

2. 试剂

0.10 mol/L NaOH 标准溶液、标准磷酸盐缓冲液、果汁饮料、1‰酚酞指示剂。

四、实验步骤

1. 样品的制备

取果汁饮料 100 mL,置于 250 mL 烧杯中,边搅拌边用电炉加热至微沸,保持 2 min(逐出 CO_2),取出自然冷却至室温,并用煮沸过的蒸馏水补足至 100 mL,待用。

2. 总酸度的测定

吸取上述制备液 25 mL 于 250 mL 锥形瓶中,加 25 mL 蒸馏水,加 1‰酚酞指示剂 2 滴,摇匀,用 0.10 mol/L 氢氧化钠标准溶液滴定,直至微红色且半分钟内颜色不消失为止,记下消耗 NaOH 的体积 V_1(mL)。同时,以水代替试液做空白试验,记下消耗 NaOH 的体积 V_2(mL)。

3. 果汁饮料中有效酸度(pH)的测定

(1) 酸度计的校正

① 开启酸度计电源,预热 30 min,连接玻璃电极及甘汞电极,在读数开关开的情况下调零。

② 测量标准缓冲溶液的温度,调节酸度计温度补偿旋钮。

③ 将两电极浸入缓冲液中,按下读数开关,调节定位旋钮,使 pH 计指针在缓冲液的 pH 上,放开读数开关,指针回零,重复操作两次。

(2) 果汁饮料 pH 的测定

① 用无 CO_2 的蒸馏水淋洗电极,并用滤纸吸干,再用制备好的果汁饮料冲洗两电极,浸入样液。

② 根据果汁饮料温度调节酸度计补偿旋钮,将两电极插入果汁中按下读数开关,稳定 1 min,酸度计指针所指 pH 即为果汁饮料的 pH。

测量完毕后,将电极和烧杯清洗干净,并妥善保管。

五、结果处理

编号	V_1/mL	V_2/mL	含量计算	试样的 pH 值
1				
2				

思考题

1. 何为总酸度、挥发性酸、有效酸度?

2. 说明 pH 计的使用步骤。

3. 食品中的酸是无机酸还是有机酸? 何为代表性酸? 如何测定食品中的酸?

项目四　碳水化合物的测定

学习目标

一、知识目标

1. 熟悉国家标准检测方法及相关文献的检索的知识。
2. 掌握直接滴定法测定还原糖的原理与方法。
3. 熟悉可溶性糖类的提取和澄清方法,常用提取剂及提取液的澄清方法,常用的澄清剂、除铅剂,测定用试剂指示剂和注意事项。
4. 熟悉各种还原糖测定方法的特点和适用范围。
5. 熟悉总糖、淀粉和粗纤维测定的原理与方法。

二、能力目标

1. 能利用多种手段查阅碳水化合物测定的方法。
2. 能用直接滴定法测定食品中总糖的含量。
3. 能正确进行数据处理。
4. 能根据不同的食品样品特点进行总糖含量的测定。
5. 能进行淀粉样品测定的预处理,并熟悉酸水解法和酶水解法的特点和适用范围。

项目相关知识

一、概述

碳水化合物是一类化学组成、结构都非常相似的有机化合物。其主要成分是 C、H、O,并且通常 O∶H＝1∶2。即可用通式 $C_n(H_2O)_m$ 表示,式中,m 不一定等于 n,n＝3～数千。碳水化合物这个名称并不确切,但因使用已久,迄今仍在沿用。如有些物质结构符合 $C_n(H_2O)_m$ 通式,但性质却与碳水化合物完全不同,如甲醛(CH_2O)、乙酸($C_2H_4O_2$)乳酸($C_3H_6O_3$)等;而有些物质其性质与碳水化合物完全相似,但是不具有上述通式,如脱氧核糖($C_5H_{10}O_4$)、鼠李糖($C_6H_{12}O_5$)等。从化学结构角度看,它们用多羟基醛或多羟基酮及其衍生物来命名,更能表示它们的性质和意义。

根据聚合度(n)的大小,可将碳水化合物分为单糖、低聚糖(聚合度$1 < n \leqslant 10$)和多糖($n > 10$)。单糖是糖的基本组成单位,食品中的单糖主要有葡萄糖、果糖和半乳糖它们都是含有 6 个碳原子的多羟基醛或者多羟基酮,分别为己醛糖(葡萄糖、半乳糖)和己酮糖(果糖),此外还有核糖、阿拉伯糖、木糖等戊醛糖。食品中的低聚糖主要有双糖(蔗糖、乳糖和麦芽糖)、三糖(棉籽糖)和四糖(水苏糖)。蔗糖由一分子葡萄糖和一分子果糖缩合而成,普遍存在于具有光合作用的植物中,是食品工业中最重要的甜味剂。乳糖由一分子葡萄糖和一分子半乳糖缩合而成,存在于哺乳动物的乳汁中。麦芽糖由二分子葡萄糖缩合而成,游离的麦芽糖在自然界并不存在,通常由淀粉水解生产得到。由若干单糖缩合而成的高分子化合物称为多糖,如淀粉、纤维素、果胶等。淀粉广泛存在于各类植物的果实中。

这些碳水化合物中,根据能否在人体被消化利用又分为有效碳水化合物和无效碳水化合物。有效碳水化合物包括人体能消化利用的单糖、低聚糖、糊精,淀粉糖原等。无效碳水化合物指人们的消化系统或消化系统中的酶不能消化分解吸收的物质。主要指果胶、半纤维素、纤维素、木质素。但是这些碳水化合物在体内能促进肠道蠕动,改善消化系统机能,对维持人体健康有重要作用,是人们膳食中不可缺少的物质,又称膳食纤维。

食品中碳水化合物的测定方法主要有物理法、化学法、色谱法、酶法、发酵法和重量法等。其中,物理法包括相对密度法、折光法、旋光法。化学法包括还原糖法,即直接滴定法(改良的兰-爱农法)、高锰酸钾法、萨氏法、碘量法(3,5-二硝基水杨酸)、比色法(酚-硫酸法,蒽酮法、半胱氨酸-咔唑法)。色谱法包括纸色谱、薄层色谱法、气相色谱法、高压液相法等。酶法包括测定半乳糖、乳糖的 β-半乳糖脱氢酶法,测定葡萄糖的葡萄糖氧化酶法。发酵法可测定不可发酵糖。果胶、纤维素、膳食纤维素的测定一般采用重量法。

二、可溶性糖的提取与澄清

1. 提取

由于食品体系复杂,一般通过选择适当的溶剂提取样品中的可溶性糖,并对其提取液进行纯化和排除干扰物质后,再进行测定。

糖类的提取步骤一般包括:先将样品磨碎,再用石油醚提取除去其中的脂类和叶绿素,得到待测定的糖类样品。

常用提取剂:

水为最常用提取剂。提取时控制温度在 $40\sim50$ ℃,温度过高时会提取出多余的淀粉和糊精,影响测定结果。另外,还可能提取出所有的氨基酸、色素等,导致测定结果偏高。为了防止糖类被酶水解,常常加入 $HgCl_2$ 来抑制酶的活性。

糖类在乙醇溶液中也具有一定的溶解度,故可用乙醇水溶液作为提取剂,其优点是能抑制酶的活性。乙醇浓度一般选择 $70\%\sim75\%$,该浓度下可以排除蛋白质,即蛋白质完全沉淀析出,多糖类也不溶解于该混合提取剂中。

2. 提取液的澄清

为了消除影响糖类测定的干扰物质,如果胶、蛋白质等物质,常常采用澄清剂沉淀影响糖类测定的干扰物质。

澄清剂必须符合以下条件:① 能完全除去干扰物质;② 不会吸附或沉淀糖类;③ 不会改变糖类的比旋光度等理化性质。过剩的澄清剂应不干扰后续的分析操作或易于去除。

常见的澄清剂有:

① 中性醋酸铅 $PbAc_2 \cdot 3H_2O$。中性醋酸铅可除去蛋白质、单宁、有机酸、果胶等,还会聚集其他胶体,适用范围广。其优点为作用较可靠,不会使还原糖从溶液中沉淀出来,在室温下也不会生成可溶性的铅糖。缺点是脱色能力差,不能用于深色溶液的澄清。可应用于植物性样品,浅色的糖和糖浆样品、果蔬制品、焙烤制品。

② 碱性醋酸铅。它能除去蛋白质、色素、有机酸,又能凝聚胶体。但是生成的沉淀体积大,可带走还原糖(如果糖),过量的碱性乙酸铅因其碱度及铅糖的生成而改变糖类的旋光度,故只能用于处理深色的蔗糖溶液。

③ 醋酸锌溶液和亚铁氰化钾溶液。利用醋酸锌与亚铁氰化钾生成的亚铁氰酸锌沉淀来吸附干扰物质,发生共同沉淀作用。这种澄清剂澄清效果良好,除蛋白质能力强。故适用于色泽较浅,富含蛋白质样液的澄清,如乳制品,豆制品等。

④ 硫酸铜($CuSO_4$)。10 mL $CuSO_4$ 溶液(69.28 g $CuSO_4 \cdot 5H_2O$ 溶于 1 L 水中)与 4 mL 1 mol/L NaOH 组成的混合液进行澄清。在碱性条件下 Cu^{2+} 可使蛋白质沉淀,适于富含蛋白质的样品的澄清,如牛乳。

⑤ 氢氧化铝($Al(OH)_3$),氢氧化铝能凝聚胶体,但对非胶态杂质的澄清效果不好,适用于浅色糖溶液的澄清或作为附加澄清剂。

⑥ 活性炭。活性炭能除去植物样品中的色素,但是吸附能力强,能吸附糖

类而造成损失。

澄清剂的种类很多,性能也各不相同,应根据样品溶液的种类、干扰物质的种类及含量予以适当的选择,同时还必须考虑所采用的分析方法,如用直接滴定法测定还原糖时不能用硫酸铜-氢氧化钠溶液澄清样品,以免样品溶液中带入Cu^{2+};用高锰酸钾滴定法测定还原糖时,不能用乙酸锌-亚铁氰化钾溶液澄清样品溶液,以免样品溶液中引入Fe^{2+}。

澄清剂用量太少达不到澄清的目的,但是使用过量会使分析结果产生误差。

采用醋酸铅作澄清剂时,澄清后的样品溶液中残留有铅离子,在测定过程中加热样品溶液时,铅能与还原糖(特别是果糖)结合生成铅糖化合物使测定得到的还原糖含量降低,因此经铅盐澄清的样品溶液必须除铅。

常用的除铅剂有草酸钠、草酸钾、硫酸钠、磷酸氢二钠等。使用时可以用固态加入(如固体草酸钠),也可以液态加入(如$10\%Na_2SO_4$或$10\%Na_2HPO_4$)。除铅剂的用量也要适当,在保证使铅完全沉淀的前提下,尽量少用。

3. **样品处理的注意事项**

在糖的提取过程中,常常有干扰物质对糖的提取产生干扰,常见的干扰物质包括:① 将糖包围在其内部的脂类;② 影响过滤的果胶等多糖干扰物质;③ 植物中含有的有机酸,其将参与糖的化学反应,导致蔗糖发生水解;④ 对比色法、旋光法测定糖产生影响的色素,G-氨基酸、糖苷(甙)等具有旋光性的光活性物质,会影响糖的旋光法测定。

去除干扰物质的常见方法是:将称重样品放在滤纸上,先用 50 mL 石油醚,分五次洗涤,除去样品中所含有的脂类、叶绿素等。再加入澄清剂,除去果胶、蛋白质及有旋光性的物质。若有机酸存在时,只需将反应保持在中性进行即可。新鲜果实常含有糖的分解酶,如鲜橘水提取液,其酶的活性很大,可加入少量氯化汞。

(1) 含高脂肪的食品,如巧克力、蛋黄酱、奶酪等,通常须经脱脂后再用水进行提取。一般以石油醚处理一次或几次,必要时可加热,每次处理后,倒去石油醚,然后用水进行提取。

(2) 含有大量淀粉、糊精及蛋白质的食品,如谷物制品、某些蔬菜、调味品,通常用 70%～75%乙醇溶液进行提取。若单独使用水提取,会使样品中部分淀粉和糊精溶出或吸水膨胀,影响分析测定,同时过滤也困难。操作时,要求乙醇溶液的浓度应高到足以使淀粉和糊精沉淀,若样品含水量较高,混合后的最终浓度应控制在上述范围内。提取时,可加热回流,然后冷却并离心,倒出上清液,如此提取 2～3 次,合并提取液蒸发除去乙醇,在加 70%～75%乙醇溶液中,蛋白质不会溶解出来,因此用乙醇溶液作提取剂时,提取液不用除蛋白质。

(3) 含乙醇和二氧化碳的液体样品通常蒸发至原体积的 1/3～1/4,以除去乙醇和 CO_2。若样品呈酸性,则在加热前应预先用氢氧化钠调节样品溶液的 pH 值至中性,以防止低聚糖在酸性条件下被部分水解。

三、还原糖的测定

单糖中葡萄糖、半乳糖和果糖为还原糖,双糖中乳糖和麦芽糖也为还原糖,而其他双糖如蔗糖、三糖及多糖(如糊精、淀粉)则不是还原糖,但是都可以通过水解生成相应的还原糖,测定水解液的还原糖含量就可以求得样品中相应糖类的含量,因此,还原糖的测定是糖类定量的基础。

根据糖的还原性来测定糖类的方法叫还原糖法。可测定葡萄糖、果糖、麦芽糖和乳糖等还原糖。常用试剂是碱性酒石酸铜溶液,即硫酸铜的碱性溶液。1964 年"国际食糖分析方法统一委员会"把兰-埃农法(Laneand Eynons Method)和姆松-华尔格法(Munson and walkers Method)定为还原糖的标准分析法。

1. 直接滴定法

利用还原糖的还原性将碱性酒石酸铜溶液中的 Cu^{2+} 还原为 Cu_2O,Cu_2O 再与亚铁氰化钾反应生成可溶性化合物,稍微过量的糖将次甲基蓝还原为无色化合物,因此可用次甲基蓝作为终点指示剂,无色次甲基蓝很容易被 O_2 所氧化,所以要沸腾排除 O_2。整个过程在沸腾条件下进行,溶液由蓝色变为无色即为滴定终点。方法原理可由下列反应式表示:

$$CuSO_4 + 2NaOH =\!\!=\!\!= Na_2SO_4 + Cu(OH)_2 \downarrow$$

$$
\begin{array}{c}
\text{COOH} \\
\text{H——OH} \\
\text{H——OH} \\
\text{H——OH} \\
\text{CH}_2\text{OH}
\end{array}
\;+3Cu_2O\downarrow+6
\begin{array}{c}
\text{COONa} \\
\text{HC—OH} \\
\text{HC—OH} \\
\text{COOK}
\end{array}
\;+H_2CO_3
$$

次甲基蓝的氧化还原过程如下式所示:

还原型　　　　　　　　　　　　　　　　　氧化型
(无色)　　　　　　　　　　　　　　　　　(蓝色)

(1) 样品的预处理:

乳类乳制品及含蛋白质的冷食类。称(吸)取适量样品,置于 250 mL 容量瓶中,加入 50 mL 水,摇匀后慢慢地加入 5 mL 醋酸锌和 5 mL 亚铁氰化钾溶液加水至刻度线混匀,静置 30 min,用干燥滤纸过滤,弃去初滤液,剩余滤液供分析检测用。

含酒精饮料。样品置于蒸发皿中,用 40 g/L 氢氧化钠溶液中和至中性。在水浴上蒸发至原体积的 1/4 后,移入 250 mL 容量瓶中,加水至刻度。

含大量淀粉的食品。样品置于 250 mL 容量瓶中加 200 mL 水,在 45 ℃水浴中加热 1 h,并不时振摇,冷却后加水至刻度,混匀,静置,沉淀,用干燥滤纸过滤,弃去初滤液,滤液供分析检测用。

汽水等含二氧化碳的饮料。在蒸发皿中蒸干后的样品,移入 250 mL 容量瓶中,用水洗涤蒸发皿,洗液并入容量瓶中,再加水至刻度,混匀后,备用。

(2) 碱性酒石酸铜溶液的标定。准确吸取碱性酒石酸铜溶液甲液和碱性酒石酸铜溶液乙液各 5 mL,置于 150 mL 锥形瓶中,加水 10 mL,加玻璃珠 2 粒,用滴定管滴加约 9 mL 葡萄糖标准溶液,严格控制加热使其在 2 min 内沸腾。待准确沸腾 30 s 后,趁沸以每 2 s 1 滴的速度继续滴加葡萄糖标准溶液,直至溶液蓝色刚好褪去为终点。

记录消耗葡萄糖标准溶液的总体积,同时平行操作 3 份,取其平均值,按下式算每 10 mL(甲、乙液各 5 mL)碱性酒石酸铜溶液相当于葡萄糖的质量(mg)

$$F = cV$$

式中:F——10 mL 碱性酒石酸铜溶液(碱性酒石酸铜溶液甲液、乙液各 5 mL)相
当于还原糖的质量,mg;

c——葡萄糖标准溶液的浓度,mg/mL;

V——标定时平均消耗葡萄糖标准溶液的总体积,mL。

(3) 样品溶液的预测。吸取碱性酒石酸铜溶液甲、乙液各 5 mL,置于
150 mL 锥形瓶中,加玻璃珠 2 粒,加水 10 mL,在石棉网上加热,控制在 2 min 内
加热至沸,趁沸以先快后慢的速度,从滴定管中滴加样品溶液,并保持溶液沸腾
状态,待溶液颜色变浅时,以每 2 s 1 滴的速度滴定,直至溶液蓝色刚好褪去为终
点,记录样液消耗体积(样品中还原糖浓度根据预测加以调节,对于熟练人员测
定误差为 ±1%,满足常规分析。以 0.1/100 g 为宜,即控制样液消耗体积在
10 mL 左右,否则误差大)。

(4) 测定。准确吸取碱性酒石酸铜溶液甲、乙液各 5 mL 置于 150 mL 锥形
瓶中加水 10 mL 加入玻璃珠 2 粒,从滴定管比预测体积少 1 mL 的样品溶液,
控制在 2 min 内加热至沸,趁沸继续以每 2 s 1 滴的速度滴定,直至蓝色刚好褪去
为终点,记录样液消耗体积。同法平行操作 3 次计算平均消耗体积。

(5) 结果计算。

样品中还原糖的含量以葡萄糖计,按下式计算:

$$还原糖质量分数(以葡萄糖计)(g/100\ g)=\frac{F\times V}{U\times W\times 1\ 000}\times 100\%$$

式中:F——还原糖因数,即与 10 mL 碱性酒石酸铜溶液相当的还原糖毫克数;

V——样品试液总体积,mL;

U——样品试液滴定量,mL;

W——样品质量,g。

(6) 说明与讨论。

① 本法为直接滴定法,测得的是总还原糖量。经过标定的碱性酒石酸铜溶
液,可与定量的还原糖作用,根据样品溶液消耗体积可计算样品中还原糖含量。

② 在样品处理时不能用铜盐作为澄清剂以免样液中引入 Cu^{2+},得到错误
的结果。

③ 碱性酒石酸铜甲液和乙液应分别储存,用时才混合,否则酒石酸钾钠铜
络合物长期在碱性条件下会慢慢分解析出氧化亚铜沉淀,使试剂有效浓度降低。
加入少量亚铁氰化钾可使生成的红色氧化亚铜沉淀络合,形成可溶性络合物,消
除观察红色沉淀对滴定终点的干扰,使终点变色更明显。

④ 滴定必须在沸腾条件下进行,其原因一是可以加快还原糖与 Cu^{2+} 的反

应速度;二是次甲基蓝变色反应是可逆的,还原型次甲基蓝遇空气中氧时又会被氧化为氧化型。此外,氧化亚铜也极不稳定,易被空气中氧所氧化。保持反应液沸腾可防止空气进入,避免次甲基蓝和氧化亚铜被氧化而增加耗糖量。

⑤ 滴定时不能随意摇动锥形瓶,更不能把锥形瓶从热源上取下来滴定,以防止空气进入反应溶液中。

⑥ 样品溶液预测的目的:一是本法对样品溶液中还原糖浓度有一定要求(0.01%左右),测定时样品溶液的消耗体积应与标定葡萄糖标准溶液时消耗的体积相近,通过预测可了解样品溶液浓度是否合适,浓度过大或过小应加以调整使预测时消耗样液量在 10 mL 左右;二是通过预测可知道样液大概的消耗量,以便在正式测定时,预先加入比实际用量少 1 mL 左右的样液,只留下 1 mL 左右样液在续滴定时加入,以保证在 1 min 内完成续滴定工作,提高测定的准确度。

⑦ 影响测定结果的主要操作因素是反应液碱度、热源强度、煮沸时间和滴定速度。反应液碱度直接影响二价铜与还原糖反应的速度、反应进行的程度及测定结果。在一定范围内,溶液的碱度越高,二价铜的还原越快。因此,必须严格控制反应液的体积,标定和测定时消耗的体积应接近,使反应体系碱度一致。热源一般采用 800 W 电炉,电炉温度恒定后才能加热,热源强度应控制在使反应液在 2 min 内沸腾,且应保持一致。否则加热至沸腾所需时间就会不同,引起蒸发量不同,使反应液碱度发生变化从而引入误差。沸腾时间和滴定速度对结果影响也较大,一般沸腾时间短,消耗糖液多,反之,消耗糖液少;滴定速度过快,消耗糖量多,反之,消耗糖量少。因此测定时应严格控制上述实验条件,力求一致。平行试验样液消耗量相差不应超过 0.1 mL。

2. 高锰酸钾滴定法

高锰酸钾滴定法又称为贝尔德蓝(Bertrand)法。其原理是先将一定量的样液与一定量过量的碱性酒石酸铜溶液混合,还原糖将二价铜还原为氧化亚铜,经过滤得到氧化亚铜沉淀,再加入过量的酸性硫酸铁溶液将其氧化溶解,而三价铁盐被定量地还原为亚铁盐,然后用高锰酸钾标准溶液滴定生成的亚铁盐,根据高锰酸钾溶液消耗量可计算出氧化亚铜的量,再从检索表中查出与氧化亚铜量相当的还原糖量,即可计算出样品中还原糖含量。

本法是国家标准分析方法,适用于各类食品中还原糖的测定,有色样液也不受限制。方法的准确度高、重现性好,准确度和重现性都优于直接滴定法。但操作复杂、费时需使用特制的高锰酸钾法糖类检索表。

样品处理的方法同上述还原糖法。测定时将处理后的样品溶液倒入

400 mL 烧杯中,加入碱性酒石酸铜甲液及乙液,于烧杯上盖一表面皿,加热,控制在 4 min 内沸腾,再准确煮沸 2 min,趁热用铺好石棉的古氏坩埚或垂融坩埚抽滤,并用 60 ℃热水洗涤烧杯及沉淀,至洗液不呈碱性为止。将古氏坩埚或垂融坩埚放回原 400 mL 烧杯中,加硫酸铁溶液及水,用玻璃棒搅拌使氧化亚铜完全溶解,以 0.02 mol/L 高锰酸钾标准溶液滴定至微红色为终点,记录高锰酸钾标准溶液消耗量;以水为对照,加与待测样品测定时相同量的碱性酒石酸铜甲液、乙液、硫酸铁及水,按同一方法做试剂空白试验。

测定结果按下式计算:

$$X = (V - V_0) \times c \times 71.54$$

式中: X——样品中还原糖质量相当于氧化亚铜的质量,mg;

$\quad\quad V$——测定用样品液消耗高锰酸钾标准溶液的体积,mL;

$\quad\quad V_0$——试剂空白消耗高锰酸钾标准溶液的体积,mL;

$\quad\quad c$——高锰酸钾标准滴定溶液的浓度,moL/L;

$\quad\quad 71.54$——1 mL 高锰酸钾标准滴定溶液 $C(1/5KMnO_4) = 1.000$ mol/L,

$\quad\quad$相当于氧化亚铜的质量,mg。

根据上式中计算所得的氧化亚铜质量,查从氧化亚铜质量相当于葡萄糖、果糖、乳糖、转化糖的质量表(附表)中查出与氧化亚铜相当的还原糖量,再计算样品中还原糖的含量。

$$X_2 = \frac{m_1}{m_2 \times \dfrac{V_1}{250} \times 1\,000} \times 100$$

式中: X_2——样品中还原糖含量,g/100 g;

$\quad\quad m_1$——查表得还原糖质量,mg;

$\quad\quad m_2$——样品质量,g;

$\quad\quad V_1$——测定用样品处理液的体积,mL;

$\quad\quad 250$——样品处理后的总体积,mL。

说明及注意事项:

(1) 取样量视样品含糖量而定,取得样品含糖量应在 25～1 000 mg 范围内,测定用样液的含糖浓度应调整至 0.01%～0.45% 范围内,浓度过大或过小都会带来误差。通常先进行预实验,确定样液的稀释倍数后再进行正式测定。

(2) 测定必须严格按照规定的操作条件进行,须控制好热源强度,保证在 4 min 内加热至沸,否则误差较大。实验时可先取 50 mL 水,加碱性酒石酸铜甲、乙液各 25 mL,调整热源强度,使 4 min 内加热至沸,维持热源强度不变,再正式测定。

（3）此法所用碱性酒石酸铜溶液是过量的，即保证把所有的还原糖全部氧化后，还有过剩 Cu^{2+} 存在。因此，煮沸后的反应液应呈蓝色。如不呈蓝色，说明样液含糖浓度过高，应调整样液浓度。

（4）当样品中的还原糖有双糖（如麦芽糖、乳糖）时，由于这些糖的分子中仅有一个还原基，测定结果将偏低。

3. 萨氏（Somogyi）法

将一定量的样液与过量的碱性铜盐溶液共热，样液中的还原糖定量地将二价铜还原为氧化亚铜，生成的氧化亚铜在酸性条件下溶解为一价铜离子，并能定量地消耗游离碘，碘被还原为碘化物，而一价铜被氧化为二价铜。剩余的碘用硫代硫酸钠标准溶液滴定，同时做空白试验，根据硫代硫酸钠标准溶液消耗量可求出与一价铜反应的碘量，从而计算出样品中还原糖含量。各步反应式如下：

$$2Cu^+ + I_2 = 2Cu^{2+} + 2I^-$$
$$I_2 + Na_2S_2O_3 = Na_2S_4O_6 + 2NaI$$

4. 碘量法

样品经处理后，取一定量样液于碘量瓶中，加入一定量过量的碘液和过量的氢氧化钠溶液，样液中的醛糖在碱性条件下被碘氧化为醛糖酸钠，由于反应液中碘和氢氧化钠都是过量的，两者作用生成次碘酸钠残留在反应液中，当加入盐酸使反应液呈酸性时，析出碘，用硫代硫酸钠标准溶液滴定析出的碘，则可计算出氧化醛糖所消耗的碘量，从而计算出样液中醛糖的含量。

本法适用于醛糖和酮糖共存时单独测定醛糖，故可用于各类食品，如硬糖异构糖、果汁等样品中葡萄糖的测定。

四、蔗糖的测定

蔗糖是葡萄糖和果糖组成的双糖，没有还原性，不能用碱性铜盐试剂直接测定，但在一定条件下蔗糖可水解为具有还原性的葡萄糖和果糖（转化糖）。因此，可以用测定还原糖的方法测定蔗糖含量。

对于纯度较高的蔗糖溶液，其相对密度、折光率、旋光度等物理常数与蔗糖浓度都有一定关系，故也可用物理检验法测定。

五、总糖的测定

食品中的总糖通常是指具有还原性的糖（葡萄糖、果糖、乳糖、麦芽糖等）和在测定条件下能水解为还原性单糖的蔗糖的总量。总糖是食品生产中常规分析项目。它反映的是食品中可溶性单糖和低聚糖的总量,其含量高低对产品的色、香、味、组织形态、营养价值、成本等有一定影响。总糖是乳粉、糕点、果蔬罐头、饮料等许多食品的重要质量指标。总糖的测定通常是以还原糖的测定方法为基础的,常用的是直接滴定法,此外还有蒽酮比色法等。

六、淀粉测定

测定食品中的淀粉含量对于决定其用途具有重要意义,淀粉是供给人体热量的主要来源。淀粉在食品中的作用是作为增稠剂、凝胶剂、保湿剂、乳化剂、黏合剂等。

直链淀粉不溶于冷水,但可溶于热水;支链淀粉常压下不溶于水,只有在加热并加压时才能溶解于水。淀粉不溶于浓度在30%以上的乙醇溶液。在酸或酶的作用下淀粉可以发生水解,其水解最终产物是葡萄糖。淀粉水溶液具有右旋性[a]20 为(+)201.5~205。与碘发生呈色反应,这也是碘量法的专属指示剂。

淀粉的测定方法有多种,可根据淀粉的理化性质而建立。淀粉因其品种不同淀粉的大小和形状也不同,故淀粉的物理检验法常用显微镜分析法,可鉴别不同品种的淀粉。淀粉含量的常用化学测定方法包括酸水解法、酶水解法、旋光法和酸化酒精沉淀法等。

由于淀粉是由葡萄糖残基组成的,淀粉可用酸水解法和酶水解法将其水解为葡萄糖,其含量可通过水解后测定葡萄糖的方法进行定量分析,根据葡萄糖的水解反应:

$$(C_6H_{10}O_5)_n + nH_2O \longrightarrow nC_6H_{12}O_6$$

将葡萄糖含量折算为淀粉含量的换算系数为162/180=0.9。

1. 酶水解法

淀粉用麦芽淀粉酶水解成二糖,再用酸将二糖水解为单糖,然后测定水解所得到的单糖,即还原糖。常用于液化的淀粉酶是麦芽淀粉酶。它是α-淀粉酶和β-淀粉酶的混合物。酶水解法的优点在于:在一定条件下用α-淀粉酶处理样品,则能使淀粉与半纤维素等某些多糖分开来。因为α-淀粉酶具有严格的选择性,只能使淀粉液化变成低分子糊精和可溶性糖分。而对半纤维素等多糖不起作用。在用α-淀粉酶液化淀粉除去半纤维素等不溶性残留物后,再用酸水解生成葡萄糖,所得结果比较准确。这种酶水解作用被称之为选择性水解。

2. 酸水解法

样品经乙醚除去脂肪,乙醇除去可溶性糖类后,用盐酸水解淀粉为葡萄糖,按还原糖测定方法测定还原糖含量,再折算为淀粉含量。

此法适用于淀粉含量较高而半纤维素等其他多糖含量较少的样品。该法操作简单、应用广泛,但选择性和准确性不及酶法。

3. 旋光法

淀粉具有旋光性,在一定条件下旋光度的大小与淀粉的浓度成正比。用氯化钙溶液提取淀粉,使之与其他成分分离,用氯化锡沉淀提取溶液中的蛋白质后,测定旋光度,即可计算出淀粉含量。

本法适用于淀粉含量较高,而可溶性糖类含量很少的谷类样品,如面粉、米粉等。操作简便、快速。

将样品研细并通过 40 目以上的标准筛,称取 2 g 样品置于 250 mL 烧杯中,加水 10 mL,搅拌使样品湿润,加入 70 mL 氯化钙溶液,盖上表面皿,在 5 min 内加热至沸并继续加热 15 min,加热时随时搅拌以防样品附在烧杯壁上。如泡沫过多可加 1~2 滴辛醇消泡。迅速冷却后移入 100 mL 容量瓶中,用氯化钙溶液洗净烧杯中附着的样品,洗液并入容量瓶中。加 5 mL 氯化锡溶液,用氯化钙溶液定容到刻度,混匀,过滤,弃去除滤液,收集滤液装入旋光管中,测定旋光度。根据下式计算淀粉含量:

$$淀粉 = \frac{\alpha \times 100}{L \times 203 \times m} \times 100\%$$

式中:α——旋光度读数,度;

$\quad L$——旋光管长度,dm;

$\quad m$——样品质量,g;

$\quad 203$——淀粉的比旋光度,度。

七、膳食纤维的测定

1. 概述

膳食纤维是指不能被人体小肠消化吸收的而在人体大肠内能被部分或全部发酵的可食用的植物性成分、碳水化合物及其相类似物质的总和,包括多糖、寡糖、抗性淀粉、纤维素、半纤维素、木质素、蜡质以及相关的植物物质。膳食纤维按溶解性可分为可溶性膳食纤维和不溶性膳食纤维。膳食纤维具有辅助预防便秘、调节控制血糖浓度、降血脂等生理功能。

膳食纤维存在于糙米和胚芽精米,以及玉米、小米、大麦、小麦皮(米糠)和麦粉(黑面包的材料)等杂粮中;此外,根菜类和海藻类食物中纤维较多,如牛蒡、胡萝卜、四季豆、红豆、豌豆、薯类和裙带菜等。植物性食物是膳食纤维的天然食物来源。部分常见食物原料中膳食纤维的含量状况为：小白菜 0.7%、白萝卜 0.8%、空心菜 1.0%、茭白 1.1%、韭菜 1.1%、蒜苗 1.8%、黄豆芽 1.0%、鲜豌豆 1.3%、毛豆 2.1%、苦瓜 1.1%、生姜 1.4%、草莓 1.4%、苹果 1.2%、鲜枣 1.6%、枣(干)3.1%、金针菜(干)6.7%、山药 0.9%、小米 1.6%、玉米面 1.8%、绿豆 4.2%、口蘑 6.9%、银耳 2.6%、木耳 7.0%、海带 9.8%。

国际相关组织推荐的膳食纤维素日摄入量：美国防癌协会推荐每人 30～40 g/d；欧洲共同体食品科学委员会推荐每人 30 g/d；世界粮农组织建议正常人群摄入量每人 27 g/d；中国营养学会提出中国居民摄入的食物纤维量及范围：低能量饮食 1 800 kcal(约 7 531 kJ)为 25 g/d，中等能量饮食 2 400 kcal(约 10 042 kJ)为 30 g/d，高能量饮食 2 800 kcal(约 11 715 kJ)为 35 g/d。

膳食纤维的含量是果蔬制品的一项质量指标，用它可以鉴定果蔬的鲜嫩度，例如豌豆按其鲜嫩程度分为 3 级，其粗纤维含量分别为：一级 1.8%左右；二级 2.2%左右；三级 2.5%左右。

2. 样品的制备

对低脂(5%～10%)样品，先干燥粉碎，再测定；如果样品脂肪含量超过 10%，则可使用 25%石油醚或正己烷抽提脂肪，离心除去有机溶剂，一般重复抽提 2 次以上，然后在 70 ℃的真空干燥箱中干燥过夜，研磨过筛。记录除去脂肪和水分后的重量损耗，以校正膳食纤维的测定值。

膳食纤维含量大于 10%的非固体样品可通过冷冻干燥和上述前处理步骤进行纤维含量分析；而对于膳食纤维含量少于 10%的非固体样品，如果样品均匀、低脂肪，并可有效去除可消化碳水化合物和蛋白质，则可在干燥的条件下测定。

3. 测定方法

测定膳食纤维可用两种基本方法：重量法和化学法。① 重量法：将可消化的碳水化合物、脂肪和蛋白质，选择性地溶解在化学试剂或酶制剂中，然后用过滤的方法收集滤液，对残留物称重定量；② 化学法：用酶解法除去可消化的碳水化合物，再用酸水解膳食纤维部分，并测定单糖含量，酸水解物中的单糖总量，代表膳食纤维的含量。Southgate 等人对食品中的膳食纤维进行了广泛而系统地测定。目前，虽然 Southgate 采用的碳水化合物化学测定法已被改良，但该方法仍是重量法和化学法测定膳食纤维的基础。在重量法中要么除去样品中所有可被消化的物质，只留下不可消化的残留物；要么将不可消化的残留物中残余的可消化杂质进行校正。使用有机溶剂可把脂类从样品中除去，此步骤一般不会给膳食纤维分析带来影响，同时必须通过凯氏定氮法和通过灰分测定来校正没有除去的蛋白质和矿物质。

(1) 洗涤测定法

酸性洗涤法(十六烷基三甲基溴化铵)和中性洗涤法(十二烷基硫酸钠)已用于更精确地测定动物饲料中的木质素、纤维素和半纤维素。酸性洗涤法测定样品中的木质素和纤维素;中性洗涤法测定值相当于酸性洗涤法测定值加上半纤维素含量,而食品中微量的果胶和亲水胶体无法测定。中性洗涤测定法采用GB/T9822—2008《粮油检验谷物不溶性膳食纤维的测定》的方法测定。但由于果胶和亲水胶体对人体健康十分重要,因此仅使用这些测定方法很难全面正确地评估食品中的膳食纤维。

(2) 酶重量法

洗涤测定法只能测定不溶性膳食纤维,但不能测定可溶性膳食纤维。目前常规的膳食纤维分析主要是酶重量法。这种方法能够用于总膳食纤维、不溶性膳食纤维和可溶性膳食纤维的测定。酶重量法于20世纪80年代在国外首先发展起来,现已成为AOAC认可的分析方法,已被美国、日本、瑞典及北欧许多国家广泛采用,这也是我国GB 5009.88—2014《食品中膳食纤维的测定》的测定方法,与AOAC相比主要做了细微修改。

① 原理

干燥试样,经α-淀粉酶、蛋白酶和葡萄糖苷酶水解消化,去除蛋白质和淀粉,酶解后,样液用乙醇沉淀、过滤,残渣用乙醇和丙酮洗涤,干燥后物质称重即为总膳食纤维残渣;另取试样经上述三种酶酶解后直接过滤,残渣用热水洗涤,经干燥后称重,即得不溶性膳食纤维残渣;滤液用4倍体积的95%乙醇沉淀、过滤、干燥后称重,得可溶性膳食纤维残渣。以上所得残渣干燥称重后,分别测定蛋白质和灰分。总膳食纤维,不溶性膳食纤维和可溶性膳食纤维的残渣扣除蛋白质、灰分和空白即可计算出试样中总的不溶性和可溶性膳食纤维的含量。

② 结果计算

空白的质量依据下列公式计算:

$$m_B = \frac{m_{BR_1} + m_{BR_2}}{2} - m_{P_S} - m_{A_S}$$

式中:m_B——空白的质量,mg;

m_{BR_1} 和 m_{BR_2}——双份空白测定的残渣质量,mg;

m_{P_S}——残渣中蛋白质质量,mg;

m_{A_S}——残渣中灰分质量,mg。

膳食纤维的含量根据下列公式计算:

$$X=\dfrac{\left[\dfrac{m_{R_1}+m_{R_2}}{2}\right]-m_P-m_A-m_B}{\dfrac{m_1+m_2}{2}}\times 100$$

式中:X——膳食纤维的含量,g/100 g;

m_{R_1} 和 m_{R_2}——双份试样残渣的质量,mg;

m_P——试样残渣中蛋白质的质量,mg;

m_A——试样残渣中灰分的质量,mg;

m_B——空白的质量,mg;

m_1 和 m_2——试样的质量,mg。

计算结果保留到小数点后两位。

总膳食纤维、不溶性膳食纤维、可溶性膳食纤维均用此公式计算。

项目实施

任务1 饮料中总糖含量的测定

一、目的

掌握饮料中总糖的测定方法。

二、原理

样品经除去 CO_2 后,在加热条件下,直接滴定标定过的碱性酒石酸铜液,以次甲基蓝作指示剂,根据样品液消耗体积,计算饮料中总糖的量。

三、试剂

(1)碱性酒石酸铜甲液:称取 15 g 硫酸铜($CuSO_4\cdot 5H_2O$)及 0.05 g 次甲基蓝,溶于水中并稀释至 1 000 mL。

(2)碱性酒石酸铜乙液:称取 50 g 酒石酸钾钠及 75 g 氢氧化钠,溶于水中,再加入 4 g 亚铁氰化钾,完全溶解后,用水稀释至 1 000 mL,贮于橡胶塞玻璃瓶内。

(3)盐酸。

(4)葡萄糖标准溶液:精密称取 1.000 g 经过 98～100 ℃ 干燥至恒重的纯葡

萄糖,加水溶解后,加 5 mL 盐酸,并用水稀释至 1 000 mL,此溶液每毫升相当于 1 mg 葡萄糖。

(5) 6 mol·L⁻¹盐酸:量取 50 mL 盐酸用水稀释至 100 mL。

(6) 甲基红指示液:0.1％乙醇溶液。

(7) 20％氢氧化钠溶液。

四、操作方法

1. 样品处理

吸取样品 10 mL,加水 40 mL,在水浴上加热煮沸 10 分钟后,移入 250 mL 容量瓶中加水至刻度,混匀后备用。

取以上样液 50 mL 于 100 mL 容量瓶中,加入 5 mL 6 mol·L⁻¹盐酸,在 68～70 ℃水浴中加热 15 分钟,冷却后,加 2 滴甲基红指示液,用 20％氢氧化钠溶液中和至红色褪去,加水至刻度混匀。

2. 标定碱性酒石酸铜溶液

吸取碱性酒石酸铜甲、乙液各 5.0 mL,置于 150 mL 锥形瓶中,加水 20 mL,加入玻璃珠 2 粒,从滴定管滴加约 9 mL 葡萄糖标准溶液,控制在 2 分钟内加热至沸,趁沸以每两秒 1 滴的速度继续滴加葡萄糖标准溶液,直至溶液蓝色刚好褪去为终点,记录消耗葡萄糖标准溶液的总体积,同时平行操作三份,取其平均值,计算每 10 mL 碱性酒石酸铜溶液(甲、乙液各 5 mL)相当于葡萄糖的质量(mg)。

3. 样品溶液预测

吸取碱性酒石酸铜甲、乙液各 5.0 mL,置于 150 mL 锥形瓶中,加水 20 mL,玻璃珠两粒,控制在 2 分钟内加热至沸,趁沸以先快后慢的速度,从滴定管中滴加样品溶液,并保持溶液沸腾状态,等溶液颜色变浅时,以每两秒 1 滴的速度滴定,直至溶液蓝色刚好褪去为终点,记录样液消耗体积。

4. 样品溶液测定

吸取碱性酒石酸铜甲、乙液各 5.0 mL 于 150 mL 锥形瓶中,加水 20 mL,玻璃珠两粒,从滴定管滴加比预测体积少 1 mL 的样品溶液,使在 2 分钟内加热至沸,趁沸继续以每两秒 1 滴的速度滴定直至溶液蓝色刚好褪去为终点,记录样液消耗体积,同法平行测定三份,得出消耗体积的平均值。

5. 计算

$$X = \frac{m \times 0.95 \times 500}{V_1 \times V_2} \times 100$$

式中:X——样品中总糖含量(以蔗糖计),％;

m——10 mL 碱性酒石酸铜溶液相当于葡萄糖的质量,mg;

V_1——样品处理时吸取样品体积,mL;

V_2——测定时平均消耗样品溶液体积,mL;

0.95——葡萄糖换算为蔗糖的系数。

任务2　大米中淀粉含量的测定

一、目的

1. 掌握食品中淀粉含量的测定方法。

2. 熟悉淀粉测定的基本原理。

二、方法

1. 酶水解法

(1) 原理

样品经除去脂肪及可溶性糖类后,其中淀粉用淀粉酶水解成双糖,再用盐酸将双糖水解成单糖,最后按还原糖测定,并折算成淀粉。

(2) 试剂

① 0.5%淀粉酶溶液:称取淀粉酶 0.5 g,加 100 mL 水溶解,加入数滴甲苯或三氯甲烷,防止长霉,贮于冰箱中。

② 碘溶液:称取 3.6 g 碘化钾溶于 20 mL 水中,加入 1.3 g 碘,溶解后加水稀释至 100 mL。

③ 乙醚。

④ 85%乙醇。

⑤ 其余试剂同任务1。

(3) 操作方法

① 样品处理

称取 2～5 g 样品,置于放有折叠滤纸的漏斗内,先用 50 mL 乙醚分 5 次洗除脂肪,再用约 100 mL 85%乙醇洗去可溶性糖类,将残留物移入 250 mL 烧杯内,并用 50 mL 水洗滤纸及漏斗,洗涤液并入烧杯内,将烧杯置沸水浴上加热 15 min,使淀粉糊化,放冷至 60 ℃以下,加 20 mL 淀粉酶溶液,在 55～60 ℃保温 1 h,并时时搅拌。然后取 1 滴此液加 1 滴碘溶液,应不显现蓝色,若显蓝色,再加热糊化,并加 20 mL 淀粉酶溶液,继续保温,直至加碘不显蓝色为止。加热至沸,冷后移入 250 mL 容量瓶中,并加水至刻度,混匀,过滤,弃去初滤液。取

50 mL 滤液,置于 250 mL 锥形瓶中,加 5 mL 6 mol·L⁻¹盐酸,装上回流冷凝器,在沸水浴中回流 1 h,冷后加 2 滴甲基红指示液,用 20％氢氧化钠溶液中和至中性,溶液转入 100 mL 容量瓶中,洗涤锥形瓶,洗液并入 100 mL 容量瓶中,加水至刻度,混匀备用。

② 测定

按本项目任务 1"操作步骤 4"操作。同时量取 50 mL 水及与样品处理时相同量的淀粉酶溶液,按同一方法做试剂空白试验。

(4) 计算

$$X_1 = \frac{(A_1 - A_2) \times 0.9}{(m_1 \times V_1 \times 50)/(250 \times 100 \times 1\,000)} \times 100$$

式中:X_1——样品中淀粉的含量,％;

A_1——测定用样品中还原糖的含量,mg;

A_2——试剂空白中还原糖的含量,mg;

0.9——还原糖(以葡萄糖计)换算成淀粉的换算系数;

m_1——称取样品质量,g;

V_1——测定用样品处理液的体积,mL。

2. 酸水解法

(1) 原理

样品经除去脂肪及可溶性糖类后,其中淀粉用酸水解成具有还原性的单糖,然后按还原糖测定,并折算成淀粉。

(2) 仪器

① 水浴锅;

② 高速组织捣碎机:1 200 r/min;

③ 皂化装置并附 250 mL 锥形瓶。

(3) 试剂

① 乙醚;

② 85％乙醇溶液;

③ 6 mol·L⁻¹盐酸溶液;

④ 40％氢氧化钠溶液;

⑤ 10％氢氧化钠溶液;

⑥ 甲基红指示液:0.2％乙醇溶液;

⑦ 精密 pH 试纸;

⑧ 20％乙酸铅溶液;

⑨ 10%硫酸钠溶液;

其余试剂同本项目任务 1。

（4）操作方法

① 样品处理

称取 2.0～5.0 g 磨碎过 40 目筛的样品,置于放有慢速滤纸的漏斗中,用 30 mL 乙醚分三次洗去样品中脂肪,弃去乙醚。再用 150 mL 85%乙醇溶液分数次洗涤残渣,除去可溶性糖类物质。并滤干乙醇溶液,以 100 mL 水洗涤漏斗中残渣并转移至 250 mL 锥形瓶中,加入 30 mL 6 mol·L⁻¹ 盐酸,接好冷凝管,置沸水浴中回流 2 h。回流完毕后,立即置流水中冷却。待样品水解液冷却后,加入 2 滴甲基红指示液,先以 40%氢氧化钠溶液调至黄色,再滴加 6 mol·L⁻¹ 盐酸使水解液刚变红色为宜。若水解液颜色较深,可用精密 pH 试纸测试,使样品水解液的 pH 约为 7。然后加 20 mL 20%乙酸铅溶液,摇匀,放置 10 min。再加 20 mL 10%硫酸钠溶液,以除去过多的铅。摇匀后将全部溶液及残渣转入 500 mL 容量瓶中,用水洗涤锥形瓶,洗液合并于容量瓶中,加水稀释至刻度。过滤,弃去初滤液 20 mL,滤液供测定用。

② 测定

按本项目任务 1"操作步骤 4"操作。

（5）计算

$$X_2 = \frac{(A_3 - A_4) \times 0.9}{(m_2 \times V_2)/(500 \times 1\,000)} \times 100$$

式中:X_2——样品中淀粉含量,%;

A_3——测定用样品中水解液中还原糖含量,mg;

A_4——试剂空白中还原糖的含量,mg;

m_2——样品质量,g;

V_2——测定用样品水解液体积,mL;

500——样品液总体积,mL;

0.9——还原糖折算成淀粉的换算系数。

思考题

1. 化学法测定还原糖有哪几种方法?

2. 说明直接滴定法、高锰酸钾法的测定原理。

3. 说明可溶性糖提取剂、澄清剂的种类和操作条件与要求。

4. 在还原糖测定过程中需要注意哪些事项？如何提高准确度和灵敏度？

5. 总糖的测定方法有哪些？说明其原理。

6. 淀粉的测定方法有哪些？说明其原理。

7. 膳食纤维的概念是什么？

8. 膳食纤维的主要化学成分有哪些？

9. 酶重量法测定膳食纤维的原理是什么？

项目五 脂类的测定

学习目标

一、知识目标

1. 熟悉国家标准检测方法及相关文献的检索知识。
2. 了解食品中脂类测定的意义。
3. 掌握食品中脂肪测定的原理与方法。
4. 熟悉食用油理化指标包括酸价、过氧化值、碘值的测定原理和方法。

二、能力目标

1. 能利用多种手段查阅脂类物质测定的方法。
2. 能用索氏提取法测定食品中脂肪的含量。
3. 能正确进行数据处理。
4. 能根据不同的食品样品特点进行脂肪含量的测定方案的制订。
5. 能对食用油进行过氧化值的测定。

项目相关知识

一、概述

1. 食品中的脂类物质和脂肪含量

食品中的脂类主要包括甘油三酸酯以及一些类脂,如脂肪酸、磷脂、糖脂、甾醇、脂溶性维生素、蜡等。大多数动物性食品与某些植物性食品(如种子、果实、果仁)含有天然脂肪和脂类化合物。食品中所含脂类最重要的是甘油三酸酯和磷脂。室温下呈液态的甘油三酸酯称为油,如豆油和橄榄油,属于植物油。室温下呈固态的甘油三酸酯称为脂肪,如猪脂和牛脂,属于动物油。"脂肪"一词,适用于所有的甘油三酸酯,不管其在室温下呈液态还是固态。各种食品含脂量不相同,其中植物性或动物性油脂中脂肪含量最高,而水果、蔬菜中脂肪含量很低。

不同食品的脂肪(甘油三酸酯)含量见表 2-6。

表 2-6 常见食品中脂肪含量(%)

动物性食品	脂肪含量	植物性食品	脂肪含量
猪油	99.5	食油	99.5
奶油	81	黄豆	18~20
牛乳	3.5~4.2	豆浆	1.9
全脂乳粉	26.0~32.0	花生仁	48.7
全蛋	11.3~15	核桃仁	63.9~69.0
蛋黄	30.0~30.5	韭黄	0.2
瘦猪肉	35.0	青椒	0.1
肥肉	72.8	蘑菇	0.2
羊肉	28.8	香菇	1.8
牛肉	10.2	紫菜	1.2
兔肉	0.4	萝卜	0.1
鸡肉	1.2	稻米	0.4~3.2

食品中脂肪的存在形式有游离态的,如动物性脂肪和植物性脂肪;也有结合态的,如天然存在的磷脂、糖脂、脂蛋白及某些加工产品(如焙烤食品、麦乳精等)中的脂肪,与蛋白质或碳水化合物等形成结合态。对于大多数食品来说,游离态的脂肪是主要的,结合态脂肪含量较少。

2. 脂类物质测定的意义

脂肪是食品中重要的营养成分之一,是一种富含热能的营养素。每克脂肪在体内可提供的热能比碳水化合物和蛋白质要多1倍以上;它还可为人体提供必需脂肪酸——亚油酸和脂溶性维生素,是脂溶性维生素的含有者和传递者;脂肪与蛋白质结合生成的脂蛋白,在调节人体生理机能和完成体内生化反应方面起着十分重要的作用。但摄入含脂过多的动物性食品,如动物的内脏等,又会导致体内胆固醇增高,从而导致心血管疾病的产生。

食品生产加工过程中,原料、半成品、成品的脂类的含量直接影响到产品的外观、风味、口感、组织结构、品质等。蔬菜本身的脂肪含量较低,在生产蔬菜罐头时,添加适量的脂肪可改善其产品的风味。对于面包之类的焙烤食品,脂肪含量特别是卵磷脂等组分,对于面包心的柔软度、面包的体积及其结构都有直接影响。因此,食品中脂肪含量是一项重要的控制指标。测定食品中脂肪含量,不仅可以用来评价食品的品质、衡量食品的营养价值,而且对实现生产过程的质量管理、实行工艺监督等方面有着重要的意义。

二、脂类的测定方法

根据处理方法的不同,食品中脂类测定的方法可分为三类。第一类为直接萃取法:利用有机溶剂(或混合溶剂)直接从天然或干燥过的食品中萃取出脂类;第二类为经化学处理后再萃取法:利用有机溶剂从经过酸或碱处理的食品中萃取出脂肪;第三类为减法测定法:对于脂肪含量超过80%的食品,通常通过减去其他物质含量来测定脂肪的含量。

1. 提取剂的选择与样品的预处理

(1) 提取剂的选择

天然的脂肪并不是单纯的甘油三酸酯,而是各种甘油三酸酯的混合物。它们在不同溶剂中的溶解度因多种因素而变化,这些因素有脂肪酸的不饱和性、脂肪酸的碳链长度、脂肪酸的结构以及甘油三酸酯的分子构型等。显然,不同来源的食品,由于它们结构上的差异,不可能存在一种通用的提取剂。

脂类不溶于水,易溶于有机溶剂。测定脂类大多采用低沸点的有机溶剂萃取的方法。常用的溶剂有乙醚、石油醚、氯仿-甲醇混合溶剂等。其中乙醚溶解脂肪能力强,应用最多,但它沸点低(34.6 ℃),易燃,可含有约2%的水分。含水乙醚会同时抽出糖分等非脂类成分,所以使用时,必须采用无水乙醚做提取剂,并要求样品无水分。石油醚溶解脂肪的能力比乙醚弱些,但含水分比乙醚少,没有乙醚易燃,使用时允许样品含有微量水分。这两种溶剂只能直接提取游离的脂肪,对于结合态脂类,必须预先用酸或碱破坏脂类和非脂成分的结合后才能提取。因二者各有特点,故常常混合使用。

根据相似相溶的经验规律,非极性的脂肪要用非极性的脂肪溶剂,极性的糖脂则可用极性的醇类进行提取。

有时,结合脂类与溶剂之间也会发生混溶,这是由于分子之间的相互作用。例如,存在于卵黄中的卵磷脂,分子中的季胺碱使它呈碱性,可溶解于弱碱性的乙醇等溶剂中;以钾盐形式存在于花生中的丝氨酸磷脂,其结构与卵磷脂有相似之处,但它是极性的、酸性较强的化合物,不溶于弱碱性的乙醇,而溶于极性较弱的氯仿。它们之间所以能够混溶,是由于氯仿很容易和酸性的极性化合物发生缔合现象的缘故。值得注意的是,当有另一种脂类存在时,还会影响到某种脂类的溶解度。例如卵磷脂与丝氨酸磷脂共存时,丝氨酸磷脂可在乙醇中部分溶解。

　　氯仿通常是一种有用的脂肪溶剂,可是若有糖脂或蛋白质存在,则氯仿在提取、定量这类结合脂肪的效果并不能令人满意。

　　有时,可以采用醇类使结合态的脂类与非脂成分分离。它或者可以直接作为提取剂,或者可以先破坏脂类与非脂成分的结合,然后,再用乙醚或石油醚等脂肪溶剂进行提取。常用的醇类有乙醇或正丁醇。水饱和的正丁醇是一种谷类食品脂肪的有效提取剂,但它无法抽出其中的全部脂类,又由于正丁醇有令人不快的气味,以及驱除它所需的温度较高,因此它的应用范围受到了一定限制。

　　氯仿-甲醇混合溶剂是另一种有效地提取剂。它对于脂蛋白、蛋白质、磷脂的提取效率很高,使用范围很广,特别适用于鱼、肉、家禽等食品。

　　(2) 样品的预处理

　　用溶剂提取食品中的脂类时,要根据食品种类、性状及选取的分析方法,在测定之前对样品进行预处理。在预处理中,有时需将样品粉碎。粉碎的方法很多,不论是切碎、研磨、绞碎或均质等处理方法,都应当使样品中脂类的物理、化学性质变化以及酶的降解减少到最小程度。为此,要注意控制温度并防止发生化学变化。

　　水分含量是另一重要因子。乙醚渗入细胞中的速度与样品的含水量有关。样品很潮湿时,乙醚不能渗入组织内部,而且乙醚被水分饱和后,抽取脂肪的效率降低,只能提取出一部分脂类。样品干燥方法要掌握适当,低温时要设法使酶失去活力或降低活力,以免脂肪降解;温度过高,则可能使脂肪氧化,或者脂类与蛋白质及碳水化合物形成结合态的脂肪,以致无法用乙醚提取。较理想的方法是冷冻干燥,由于样品组成及结构的变化较少,故提取效率的影响较小。

　　样品中脂肪被提取的程度还取决于它的颗粒度大小。有的样品易结块,可加入 4~6 倍量的海砂;有的样品含水量较高,可加入无水硫酸钠使样品成粒状,用量以样品呈颗粒状为宜。以上处理的目的都是为了增加样品的表面积、减少样品含水量,使有机溶剂更有效地提取出脂类。

　　2. 直接萃取法

　　直接萃取法是利用有机溶剂直接从食品中萃取出脂类。通常这种方法测得的脂类含量称为"游离脂肪"。选择不同的有机溶剂往往会得到不同的结果。例如,乙醚为溶剂时测得的总脂含量远远大于使用正己烷所测得的总脂含量。直接萃取法包括索氏提取法、氯仿-甲醇提取法等。

　　(1) 索氏提取法

　　索氏提取法是溶剂直接萃取的典型方法,也是普遍采用的测定脂肪含量的经典方法。

将前处理过的样品用无水乙醚或石油醚回流提取,使样品中的脂肪进入溶剂中,蒸去溶剂后所得到的残留物,即为脂肪(或粗脂肪)。本法提取的脂溶性物质为脂肪类物质的混合物,除含有脂肪外还含有磷脂、色素、树脂、固醇、芳香油等脂溶性物质。因此,用索氏提取法测得的脂肪称为粗脂肪。

操作在索氏抽提器(图2-11)中完成,现有同时处理多个样品的商品仪器,提取过程为半连续过程。

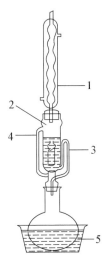

图2-11　索氏提取器

1—冷凝管　2—提取管　3—虹吸管　4—导气管　5—提取瓶

样品中的脂肪含量根据下列公式计算:

$$W = \frac{m_2 - m_1}{m} \times 100$$

式中:W——样品中脂肪含量,g/100 g;

　　　m_2——(接收瓶+脂肪)质量,g;

　　　m_1——接收瓶质量,g;

　　　m——样品质量,g。

使用索氏提取法测定脂肪应注意以下方面:

① 样品必须干燥,样品中水分会影响溶剂提取效果,造成非脂肪成分的溶出。样品筒的高度不要超过回流弯管,否则超过弯管中的样品的脂肪不能被提尽,带来测定误差。

② 乙醚回收后,剩下的乙醚必须在水浴上彻底蒸发完全,否则放入烘箱中有爆炸的危险。乙醚使用过程中,室内应保持良好的通风状态,不能有明火,以

防空气中有乙醚蒸汽而引起着火或爆炸。

③ 脂肪接收瓶反复加热时,会因脂类氧化而增重。质量增加时,应以增重前的质量为恒重。对富含脂肪的样品,可在真空烘箱中进行干燥,这样可避免因脂肪氧化所造成的误差。

④ 抽提是否完全,可凭经验,也可用滤纸或毛玻璃检查,由提取管下口滴下的乙醚(或石油醚)滴在滤纸或毛玻璃上,挥发后不留下痕迹即表明已抽提完全。

⑤ 抽提所用的乙醚或石油醚要求无水、无醇、无过氧化物,挥发残渣含量低。因水和醇会导致糖类及水溶性盐类物质的溶出,使测定的结果偏高。过氧化物会导致脂肪氧化,在烘干时还有引起爆炸的危险。

过氧化物的检查方法:取乙醚 10 mL,加 2 mL 100 g/L 的碘化钾溶液,用力振摇,放置 10 mL,若出现黄色,则证明有过氧化物存在。此乙醚应经处理后方可使用。

乙醚的处理:于乙醚中加入 1/10~1/20 体积的 20%硫代硫酸钠溶液洗涤,再用水洗,然后加入少量无水氯化钙或无水硫酸钠脱水,于水浴上蒸馏,蒸馏温度略高于溶剂沸点,能达到烧瓶内沸腾即可,弃去最初和最后的 1/10 馏出液,收集中间馏出液备用。

索氏提取法适用于脂类含量较高,结合态的脂类含量较少,能烘干细磨,不易吸湿结块的样品的测定。

食品中的游离脂肪一般都能直接被乙醚、石油醚等有机溶剂抽提,而结合态脂肪不能直接被乙醚、石油醚提取,需在一定条件下进行水解等处理,使之转变为游离脂肪后方能提取,故索氏提取法测得的只是游离态脂肪,而结合态脂肪测不出来。

索氏提取法对大多数样品结果比较可靠,但费时间,溶剂用量大,且需专门的索氏提取器。

(2) 氯仿-甲醇提取法

将试样分散于氯仿-甲醇(CM)混合溶液中,在水浴中轻微沸腾,氯仿、甲醇和试样中的水分成三种成分的溶剂,可把包括结合态脂类在内的全部脂类提取出来。经过滤除去非脂肪成分,回收溶剂,残留的脂类用石油醚提取,蒸馏除去石油醚后定量。

样品中脂肪含量根据以下公式计算:

$$W=\frac{m_2-m_1}{m}\times100$$

式中:W——样品中脂肪含量,g/100 g;

m_2——（称量瓶＋脂肪）质量，g；

m_1——称量瓶质量，g；

m——样品质量，g。

说明及注意事项如下：

① 提取结束后，用玻璃过滤器过滤，用溶剂洗涤烧瓶，每次 5 mL，洗涤 3 次，然后用 30 mL 溶剂洗涤试样残渣及过滤器。洗涤残渣时一边用玻璃棒搅拌残渣，一边用溶剂洗涤。

② 溶剂回收到残留物尚具有一定流动性，不能完全干涸，否则脂类难以溶解于石油醚，使测定值偏低。因此，最好在残留有适量的水时停止蒸发。

③ 无水硫酸钠必须在石油醚之后加入，以免影响石油醚对脂肪的溶解。根据残留物中水分的多少，可加 5.0～15.0 g。

④ 从加入石油醚至用移液管吸取部分醚层的操作中，应注意避免石油醚挥发。

氯仿-甲醇提取法适用于结合态脂类，特别是磷脂含量高的样品，如鱼、贝类、肉、禽、蛋及其制品（发酵大豆类制品除外）等。

对这类样品，用索氏提取法测定时，脂蛋白、磷脂等结合态脂肪不能被完全提取出来；用酸水解法测定时，又会使磷脂分解而损失。但在一定水分存在下，用极性的甲醇和非极性的氯仿混合液却能有效地提取出结合态脂肪。氯仿-甲醇提取方法对高水分试样的测定更为有效，对于干燥试样，可先在试样中加入一定量的水，使组织膨润，再用 CM 混合溶液提取。

3. 经化学处理后再萃取法

通过这类方法所测得的脂类含量通常称为"总脂"。根据化学处理方法的不同可分为：酸水解法、罗兹-哥特里法、巴布科克氏法和盖勃氏法等。

（1）酸水解法

将试样与盐酸溶液一同加热进行水解，使结合或者包藏在组织里的脂肪游离出来，再用乙醚和石油醚提取脂肪，回收溶剂，干燥后称量，提取物的重量即为脂肪含量。

酸水解后样液置于 100 mL 具塞量筒，如图 2-12 所示，用乙醚-石油醚提取，最后将提取液置于恒重的烧瓶中，蒸干溶剂，烘箱中干燥至恒重。

样品中的脂肪含量根据下列公式计算：

图 2-12　具塞量筒

$$W = \frac{m_2 - m_1}{m} \times 100$$

式中：W——样品中脂肪含量，g/100 g；

  m_2——(烧瓶+脂肪)质量，g；

  m_1——烧瓶质量，g；

  m——样品的质量，g。

说明及注意事项如下：

① 固体样品必须充分研磨，液体样品必须充分混匀，以便充分水解。

② 水解时水分大量损失使酸浓度升高。

③ 水解后加入乙醇可使蛋白质沉淀，降低表面张力促进脂肪球聚合，还可以使碳水化合物、有机酸等溶解。后面用乙醚提取脂肪时，由于乙醇可溶于乙醚，所以需要加入石油醚，以降低乙醇在乙醚中的溶解度，使乙醇溶解物残留在水层，进而使分层清晰。

④ 挥干溶剂后，残留物中如有黑色焦油状杂质，是分解物与水混入所致，将使测定值增大，造成误差，可用等量乙醚及石油醚溶解后过滤再次进行挥干溶剂的操作。

酸水解法适用于各类食品中脂肪的测定，对固体、半固体、黏稠液体或液体食品，特别是加工后的混合食品，容易吸湿、结块、不易烘干的食品，不能采用索氏提取法时，用此法效果较好。此法不适于含糖高的食品，因糖类遇强酸易炭化而影响测定结果，也不适合用于含大量磷脂的食品，如贝类、鱼类和蛋类，因磷脂在酸水解条件下可以分解为碱和脂肪酸。酸水解法测定的是食品中的总脂肪，包括游离脂肪和结合脂肪。

（2）罗兹-哥特里法(碱性乙醚提取法)

利用氨-乙醇溶液破坏乳的胶体性状及脂肪球膜，使非脂成分溶解于氨-乙醇溶液中，而脂类游离出来，再用乙醚-石油醚混合溶剂提取，蒸馏去除溶剂后，残留物即为乳脂。

测定使用 100 mL 具塞量筒或抽脂瓶(内径 2.0～2.5 cm，体积 100 mL)，如图 2-13 所示。

样品中的脂肪含量根据下列公式计算：

$$W = \frac{m_2 - m_1}{m \times \frac{V_1}{V_2}} \times 100$$

式中：W——样品中脂肪含量，g/100 g；

  m_2——(烧瓶+脂肪)质量，g；

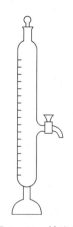

图 2-13　抽脂瓶

m_1——烧瓶质量,g;

m——样品的质量,g;

V_1——放出醚层的体积,mL;

V_2——读取醚层的总体积,mL。

说明及注意事项如下:

① 加入乙醇的作用是沉淀蛋白质以防止乳化,并溶解醇溶性物质,使其留在水中,避免干扰物进入醚层,影响结果。

② 加入石油醚的作用是降低乙醚极性,使乙醚不与水混溶,只抽提出脂类,并可使分层清晰。

③ 由于乳中的脂肪球被其中的酪蛋白钙盐包裹,并处于高度分散的胶体溶液中,所以乳类中的脂肪球不能直接被溶剂提取。

罗兹-哥特里法主要用于乳及乳制品中脂类的测定。此法为国际标准化组织(ISO)、联合国粮农组织/世界卫生组织(FAO/WHO)等采用,为乳及乳制品脂类定量的国际标准方法。此法需使用专门的抽脂瓶。

三、食用油脂几项理化特性的测定

1. 酸价的测定

酸价是指中和1 g油脂中的游离脂肪酸所需氢氧化钾的质量(mg)。酸价是反映油脂酸败的主要指标。测定油脂酸价可以评定油脂品质的好坏和储藏方法是否恰当,并能为油脂碱炼工艺提供需要的加碱量。我国食用植物油都有国家标准规定的酸价。

用中性乙醇和乙醚混合溶剂溶解油样,然后用碱标准溶液滴定其中的游离脂肪酸,根据油样质量和消耗碱液的量计算出油脂酸价。

样品的酸价根据下列公式计算:

$$X = \frac{V \times c \times 56.11}{m}$$

式中:X——样品的酸价;

V——滴定消耗氢氧化钾溶液的体积,mL;

c——氢氧化钾溶液的浓度,mol/L;

m——样品的质量,g;

56.11——氢氧化钾的摩尔质量,g/mol。

说明及注意事项如下:

① 测定深色油的酸价,可减少试样用量,或适当增加混合溶剂的用量,以酚

酞为指示剂,终点变色明显。

② 滴定过程中如出现混浊或分层,表明由碱液带入的水过多(水∶乙醇超过 1∶4),乙醇量不足以使乙醚和碱溶液互溶。一旦出现此现象,可补加 95% 的乙醇,促使均一相体系的形成,或改用碱性乙醇溶液滴定。

③ 蓖麻油不溶于乙醚,因此测定蓖麻油的酸价时,只能用中性乙醇,不能用混合溶剂。

④ 对于深色油的测定,为便于观察终点,也可以用 2% 碱性蓝 6B 乙醇溶液或 1% 麝香草酚酞乙醇溶液作为指示剂。碱性蓝 6B 指示剂的变色范围为 pH= 9.4～14,酸性显蓝色,中性显紫色,碱性显淡红色;麝香草酚酞指示剂的变色范围为 pH 9.3～10.5,从无色到蓝色为终点。

2. 碘值的测定

碘值系表示不饱和脂肪酸的数量,即以 100 g 油脂所能吸收碘的克数来表示。如果油脂中含有不饱和脂肪酸时,则在双键处不仅能结合氢原子,且能和碘结合。根据碘值也就可以测知不饱和脂肪酸的含量,即凡含双键多的油脂吸收碘的数量也多。同时双键多则熔点低,因此凡是碘值高的油脂熔点也就低。测定碘值时,常不用游离的卤素而是用它的化合物(氯化碘、溴化碘、次碘酸等)作为试剂,在一定的反应条件下,能迅速地定量饱和双键,而不发生取代反应。最常用的是氯化碘-乙酸溶液法(韦氏法)。

在溶剂中溶解试样并加入韦氏(Wijs)试剂(韦氏碘液),氯化碘则与油脂中的不饱和脂肪酸发生加成反应。

$$CH_3\cdots CH=CH\cdots COOH+ICl=CH_3\cdots CHI-CHCl\cdots COOH$$

再加入过量的碘化钾与剩余的氯化碘作用,以析出碘。

$$KI+ICl=KCl+I_2$$

析出的碘用硫代硫酸钠标准溶液进行滴定。

$$I_2+2Na_2S_2O_3=Na_2S_4O_6+2NaI$$

同样做空白试验进行对照,从而计算试样加成的氯化碘(以碘计)的量,求出碘值。

操作方法参照 GB/T5532—2008 进行,样品的碘值根据下列公式计算:

$$X=\frac{c\times(V_2-V_1)\times0.126\ 9}{m}\times100$$

式中:X——样品的碘值,g/100 g;

V_2——试样用去的硫代硫酸钠标准溶液体积,mL;

V_1——空白试验用去的硫代硫酸钠溶液体积,mL;

c——硫代硫酸钠溶液的浓度,mol/L;

m——样品的质量,g;

0.126 9——1 mmol 硫代硫酸钠相当于碘的克数。

说明及注意事项如下:

① 光线和水分对氯化碘起作用,影响很大,因此要求所用仪器必须清洁、干燥,碘液试剂必须用棕色瓶盛装且放于暗处。

② 加入碘液的速度,放置作用时间和温度要与空白试验相一致。

3. 过氧化值的测定

脂类氧化是油脂和含油脂食品变质的主要原因之一,它能导致食用油和含脂食品产生不良的风味和气味(哈味),使食品不能被消费者接受。此外,氧化反应降低了食品的营养质量,有些氧化产物还是潜在的毒物。

过氧化值是 1 kg 样品中的活性氧含量,以过氧化物的物质的量(mmol)表示,是反映油脂氧化程度的指标之一。一般来说,过氧化值越高,其酸败就越厉害,过氧化值过高的油脂或含油食品不能食用。

油脂在氧化过程中产生的过氧化物很不稳定,氧化能力较强,能氧化碘化钾成为游离碘,用硫代硫酸钠标准溶液滴定,根据析出碘量计算过氧化值,以活性氧的毫克当量来表示。

$$\begin{array}{c}\text{—HC—CH—}\\ |\qquad| \\ \text{O——O}\end{array} + KI \longrightarrow K_2O + I_2 + \begin{array}{c}\text{—HC—CH—}\\ \diagdown\,\diagup \\ O\end{array}$$

$$I_2 + 2Na_2S_2O_3 =\!=\!= Na_2S_4O_6 + 2NaI$$

操作方法参照 GB/T5538—2005 进行,样品的过氧化值根据下列公式计算:

$$X = \frac{c \times (V_1 - V_0)}{m} \times 1\,000$$

式中:X——样品的过氧化值;

V_1——样品消耗 $Na_2S_2O_3$ 标准溶液的体积,mL;

V_0——空白实验消耗 $Na_2S_2O_3$ 标准溶液的体积,mL;

c——硫代硫酸钠溶液的浓度,mol/L;

m——样品的质量,g;

说明及注意事项如下:

① 饱和碘化钾溶液中不能存在游离碘和碘酸盐。验证方法:在 30 mL 乙酸-三氯甲烷溶液中加 2 滴淀粉指示剂和 0.5 mL 饱和碘化钾溶液,如果出现蓝

色,需要 0.01 mol/L $Na_2S_2O_3$ 标准溶液 1 滴以上才能消除,则需重新配制此溶液。

② 光线会促进空气对试剂的氧化,因此应将样品置于暗处进行反应或保存。

③ 三氯甲烷、乙酸的比例,加入碘化钾后静置时间的长短及加水量的多少等,对测定结果均有影响,操作过程应注意条件一致。

④ 用 $Na_2S_2O_3$ 标准溶液滴定被测样品时,只有在溶液呈淡黄色时,才能加入淀粉指示剂,否则淀粉会包裹或吸附碘而影响测定结果。

4. 皂化值的测定

将 1 g 油脂完全皂化时所需要的氢氧化钾的毫克数称为皂化值。皂化值与脂肪酸的分子量成反比,即分子量越大皂化值越小。由于各种植物油的脂肪酸组成不同,故其皂化值也不相同。因此,测定油脂皂化值并结合其他检验项目,可对油脂的种类和纯度等质量进行鉴定。我国植物油国家标准中对皂化值有明确规定。

利用油脂与过量的碱醇溶液共热皂化,待皂化完全后,过量的碱用盐酸标准溶液滴定,同时做空白试验,由所消耗碱液量计算出皂化值。皂化反应式如下:

$$C_3H_5(OCOR)_3 + 3KOH \!=\!\!= C_3H_5(OH)_3 + 3RCOOK$$

操作方法参照 GB/T5534—2008 进行,样品的皂化值根据下列公式计算:

$$X = \frac{c \times (V_0 - V_1) \times 56.11}{m}$$

式中:X——样品的皂化值(以 KOH 计),mg/g;

$\quad V_1$——滴定试样用去的盐酸溶液体积,mL;

$\quad V_0$——滴定空白用去的盐酸溶液体积,mL;

$\quad c$——盐酸溶液的浓度,mol/L;

$\quad m$——样品的质量,g;

56.11——氢氧化钾的摩尔质量,g/mol。

说明及注意事项如下:

① 用氢氧化钾-乙醇溶液不仅能溶解油脂,而且也能防止生成的肥皂水解。

② 皂化后剩余的碱用盐酸中和,不能用硫酸中和,因为生成的硫酸钾不溶于酒精,易生成沉淀而影响结果。

③ 若油脂颜色较深,可用碱性蓝 6B 乙醇溶液作指示剂,这样容易观察终点。

5. 羰基价的测定

油脂氧化所生成的过氧化物,进一步分解为含羰基的化合物。一般油脂随储藏时间的延长和不良条件的影响,其羰基价的数值都呈不断增高的趋势,它和油脂的酸败、劣变紧密相关。因为多数羰基化合物都具有挥发性,且其气味最接近于油脂自动氧化的酸败臭,因此,用羰基价来评价油脂中氧化产物的含量和酸败、劣变的程度,具有较好的灵敏度和准确性。目前我国已把羰基价列为油脂的一项食品卫生检测项目。大多数国家都采用羰基价作为评价油脂氧化酸败的一项指标。羰基价的测定可分为油脂总羰基价和挥发性或游离羰基分离测定两种情况。后者可采用蒸馏法或柱色谱法。下面介绍总羰基价的测定原理和方法:

油脂中的羰基化合物和2,4-二硝基苯肼反应生成腙,在碱性条件下生成醌离子,呈葡萄酒红色,在波长440 nm处具有最大的吸收,可计算出油样中的总羰基值。

操作方法参照 GB/T 5009.37—2003 进行,样品的羰基价根据下列公式计算。

$$X = \frac{A \times V}{854 m V_1} \times 1\,000$$

式中:X——样品的羰基价,meq/kg;

　　　A——测定时样液的吸光度;

　　　m——样品的质量,g;

　　　V_1——测定用样品稀释液的体积,mL;

　　　V——样品稀释后的总体积,mL;

　　　854——各种醛毫克当量吸光系数的平均值。

说明及注意事项如下:

① 所用试剂若含有干扰试验的物质时,必须精制后才能用于试验。

② 空白试验的吸收值(在波长 440 nm 处,以水作对照)若超过 0.20 时,则试验所用试剂的纯度不够理想。

项目实施

任务 1　花生中脂肪含量的测定

一、目的

1. 熟悉索氏提取法测定脂肪的原理和方法。

2. 了解索氏提取法的注意事项。

二、原理

样品用无水乙醚或石油醚等溶剂抽提后,蒸去溶剂后所得的物质称为粗脂肪。因为除脂肪外还含有色素及挥发油、蜡、树脂等物,这种抽提法所得的脂肪为游离脂肪。

三、仪器和试剂

索氏抽提器、滤纸、水浴锅、无水乙醚或石油醚。

四、实验操作

1. 准确称取已干燥恒重的索氏抽提器接收瓶 W_1。

2. 准确称取粉碎均匀的干燥花生仁 2~6 g,用滤纸筒严密包裹好后(筒口放置少量脱脂棉),放入抽提筒内。

3. 在已干燥恒重的索氏抽提器接收瓶中注入约三分之二体积的无水乙醚,并安装好索氏抽提装置,在 45~50 ℃左右的水浴中抽提 4~5 小时,抽提的速度以能顺利回流为宜。

4. 提取结束时,用毛玻璃板接取 1 滴提取液,如无油斑则表明提取完毕。

5. 冷却。将接收瓶与蒸馏装置连接,水浴蒸馏回收乙醚,无乙醚滴出后,取下接收瓶置于 105 ℃烘箱内干燥 1~2 小时,取出冷却至室温后准确称重 W_2。

五、结果计算

$$粗脂肪\% = \frac{W_2 - W_1}{W} \times 100\%$$

式中:W_2——抽提瓶与脂肪的质量,g;

$\quad W_1$——空抽提瓶的质量,g;

$\quad W$——花生仁的质量,g。

六、注意事项与说明

1. 抽提剂乙醚是易燃,易爆物质,应注意通风并且不能有火源。

2. 样品滤纸色的高度不能超过虹吸管,否则上部脂肪不能提尽而造成误差。

3. 样品和醚浸出物在烘箱中干燥时,时间不能过长,以防止不饱和的脂肪酸受热氧化而增加质量。

4. 脂肪烧瓶在烘箱中干燥时,瓶口侧放,以利于空气流通。而且先不要关上烘箱门,在 90 ℃以下鼓风干燥 10～20 min,驱尽残余溶剂后再将烘箱门关紧,升至所需温度。

5. 乙醚若放置时间过长,会产生过氧化物。过氧化物不稳定,当蒸馏或干燥时会发生爆炸,故使用前应严格检查,并除去过氧化物。

(1) 检查方法:取 5 mL 乙醚于试管中,加 KI(100 g/L)溶液 1 mL,充分振摇 1 min。静置分层。若有过氧化物则放出游离碘,水层是黄色(或加 4 滴 5 g/L 淀粉指示剂显蓝色),则该乙醚需处理后使用。

(2) 去除过氧化物的方法:将乙醚倒入蒸馏瓶中加一段无锈铁丝或铝丝,收集重新蒸馏乙醚。

(3) 反复加热可能会因脂类氧化而增重,质量增加时,以增重前的质量为恒重质量。

任务 2　牛奶粗脂肪含量的测定

一、目的

1. 学习并掌握罗兹-哥特里法测定脂肪含量的方法。
2. 学会根据食品中脂肪存在状态及食品组成,正确选择脂肪的测定方法。

二、原理

利用氨-乙醇溶液破坏乳的胶体形状及脂肪球膜,使非脂成分溶解于氨-乙醇溶液中,而脂肪游离出来,再用乙醚-石油醚提取脂肪,蒸馏去除溶剂后,残留物即为乳脂肪。

三、仪器与试剂

1. 实验仪器

恒温水浴锅、100 mL 具塞刻度量筒、10 mL 移液管、2 mL 移液管、100 mL 量筒、蒸馏装置、精密天平、量筒。

2. 试剂

牛奶、氨水、95％乙醇、乙醚、石油醚(沸程 30～60 ℃)。

四、操作步骤

精确吸取牛奶 10.00 mL 于具塞量筒中,加 1.25 mL 氨水,充分混匀,置于

60 ℃水中加热 5 min,再振摇 5 min,加入 10 mL 乙醇,加塞,充分摇匀。于冷水中冷却后,加入 25 mL 乙醚,加塞轻轻振荡摇匀,小心放出气体,再塞紧,剧烈振荡 1 min,小心放出气体并取下塞子,加入 25 mL 石油醚,加塞,剧烈振荡 0.5 min。小心开塞放出气体,敞口静置约 0.5 h。当上层液澄清时,可从管口倒出,不致搅动下层液。若用具塞量筒,可用吸管,将上层液吸至已恒重的脂肪烧瓶中。用乙醚-石油醚混合液冲洗吸管、塞子及提取管上附着的脂肪,静置,待上层液澄清,再用吸管将洗液吸至上述脂肪瓶中。重复提取提脂瓶中的残留液两次,每次每种溶剂用量为 15 mL。最后合并提取液,回收乙醚及石油醚。置 100～105 ℃烘箱中干燥 2 h,冷却,称重。

五、结果计算

$$W = \frac{m_1 - m_0}{m_2} \times 100\%$$

式中:W——样品中脂肪的含量,%;

m_1——烧瓶和脂肪的质量,g;

m_0——烧瓶的质量,g;

m_2——样品的质量,g。

六、注意事项与说明

1. 乳类脂肪虽然也属于游离脂肪,但它是以脂肪球状态分散于乳浆中形成乳浊液,脂肪球被乳中酪蛋白钙盐包裹,所以不能直接被乙醚、石油醚提取,需先用氨水和乙醇处理,氨水使酪蛋白钙盐变成可溶解的盐,乙醇使溶解于氨水的蛋白质沉淀析出,然后再用乙醚提取脂肪。

2. 加入石油醚的作用是降低乙醚的极性,使乙醚与水不混溶,只抽提出脂肪,并可使分层清晰。

任务 3   油脂过氧化值测定

一、目的

通过对油脂过氧化值变化的测定,了解加工过程中油脂品质的变化规律。

二、原理

检测油脂中是否存在过氧化值,以及含量的大小,即可判断油脂是否新鲜和酸败的程度。常用滴定法,其原理:油脂氧化过程中产生过氧化物,与碘化钾作用,生成游离碘,用硫代硫酸钠溶液滴定,计算含量。

三、仪器与试剂

1. 实验仪器

(1) 分析天平。

(2) 具塞锥形瓶 250 mL。

(3) 移液管 5、10、15 mL。

(4) 滴定管 10 mL。

2. 试剂

(1) 三氯甲烷。

(2) 乙酸。

(3) 碘化钾饱和溶液,其中不可存在游离碘和碘酸盐(验证方法:在 30 mL 乙酸-三氯甲烷溶液中加两滴 0.5%淀粉溶液和 0.5 mL 碘化钾饱和溶液,如果出现蓝色,需要 0.01 mol/L 硫代硫酸钠标准溶液一滴以上才能清除,则需重新配制此溶液)。

(4) 0.5%淀粉溶液:将 0.5 g 可溶性淀粉溶于 100 mL 沸水中,煮沸 3 min 至澄清。

(5) 硫代硫酸钠标准溶液:0.002 mol/L 标准溶液。

四、实验步骤

称取 2.00 g～3.00 g 混匀(必要时过滤)的试样,置于 250 mL 碘瓶中,加 30 mL 三氯甲烷-乙酸混合液,使试样完全溶解。加入 1.00 mL 饱和碘化钾溶液,塞紧瓶盖,并轻轻振摇 0.5 min,然后在暗处放置 3 min。取出加 100 mL 水,摇匀,立即用硫代硫酸钠标准滴定溶液(0.002 mol/L)滴至淡黄色时,加 1 mL 淀粉指示液,继续滴定至蓝色消失为终点,取相同量三氯甲烷-乙酸溶液、碘化钾溶液、水,按同一方法,做试剂空白试验。

注意:滴定过程要用力震摇。

五、结果计算

$$PV(\text{meq/kg}) = \frac{c(V_1 - V_0)}{m} \times 1\,000$$

式中:V_1——用于测定的硫代硫酸钠标准溶液的体积,mL;

V_0——用于空白的硫代硫酸钠标准溶液的体积,mL;

c——硫代硫酸钠标准溶液浓度,mL;

m——试样的质量,g。

思考题

1. 索氏提取法测定脂类的原理是什么？有哪些注意事项？
2. 氯仿-甲醇提取法测定脂类的原理是什么？适用什么样品？
3. 酸水解法测定脂类的原理是什么？适用什么样品？
4. 罗兹-哥特里法测定脂类的原理是什么？适用什么样品？
5. 酸价测定的原理是什么？
6. 皂化值测定的原理是什么？

项目六　蛋白质与氨基酸的测定

学习目标

一、知识目标

1. 熟悉国家标准检测方法及相关文献的检索知识。
2. 了解食品中蛋白质和氨基酸测定的意义。
3. 掌握食品中蛋白质测定的原理与方法。
4. 了解总氨基酸测定的原理和方法。

二、能力目标

1. 能利用多种手段查阅蛋白质和氨基酸测定的方法。
2. 能用凯氏定氮法测定食品中蛋白质的含量。
3. 能正确进行数据处理。
4. 能根据不同的食品样品特点进行蛋白质含量的测定方案的制订。

项目相关知识

一、概述

1. 蛋白质的组成及含量

蛋白质是由 20 多种氨基酸通过肽链连接起来的具有生命活动的生物大分子，相对分子质量可达到数万甚至百万，并具有复杂的立体结构。元素分析结果表明，所有蛋白质分子都含有碳（50％～55％）、氢（6％～8％）、氧（19％～24％）、氮（13％～19％）、硫（0～4％）。除此之外，有些蛋白质还含有少量磷、硒或金属元素铁、铜、锌、锰、钴、钼等，个别蛋白质还含有碘。蛋白质在食品中含量的变化范围很宽。动物来源和豆类食品是优良的蛋白质资源。不同种类食品的蛋白质含量见表 2-7。

表 2-7　部分食品的蛋白质含量

食品	蛋白质含量/%	食品	蛋白质含量/%
谷类和面食		土豆(整粒、肉和皮)	2.1
大米(糙米、长粒、生)	7.9	**豆类**	
大米(白色、长粒、生、强化)	7.1	大豆(成熟的种子、生)	36.5
小麦粉(整粒)	13.7	豆(腰子状、所有品种、成熟的种子、生)	23.6
玉米粉(整粒、黄色)	6.9		
意大利面条(干、强化)	12.8	豆腐(生、坚硬)	9.8
玉米淀粉	0.3	豆腐(生、均匀)	8.1
乳制品		**肉、家禽和鱼**	
牛乳(全脂、液体)	3.3	牛肉(颈肉、烤前腿)	18.5
牛乳(脱脂、干)	36.2	牛肉(腌制、干牛肉)	29.1
切达干酪	24.9	鸡(鸡胸肉、烤或煎、生)	23.1
酸奶(普通的、低脂)	5.3	火腿(切片、普通的)	17.6
水果和蔬菜		鸡蛋(生、全蛋)	12.5
苹果(生、带皮)	0.2	鱼(太平洋鳕鱼、生)	17.9
芦笋(生)	2.3	鱼(金枪鱼、白色、罐装、油浸、滴干的固体)	26.5
草莓(生)	0.6		
莴苣(冰、生)	1.0		

不同蛋白质中氨基酸的构成比例及方式不同,所以不同的蛋白质含氮量不同,一般蛋白质含氮量为 16%,即 1 份氮素相当于 6.25 份蛋白质,此数值称为蛋白质系数。不同种类食品的蛋白质系数不同,如:玉米、荞麦、青豆、鸡蛋等为6.25;花生为 5.64;大米为 5.95;大豆及其制品为 5.71;小麦粉为 5.70;高粱为6.24;大麦、小米、燕麦等为 5.83;牛乳及其制品为 6.38;肉与肉制品为 6.25;芝麻、葵花子为 5.30。

2. 蛋白质与氨基酸测定的意义

人和动物不能通过体内的平衡制备蛋白质,只能通过食物及其分解物中获得。测定食品中蛋白质的含量,对于评价食品的营养价值、合理开发利用食品资源、提高产品质量、优化食品配方、指导经济核算及生产过程控制均具有极重要的意义。

此外,在构成蛋白质的氨基酸中,亮氨酸、异亮氨酸、赖氨酸、苯丙氨酸、蛋氨酸、苏氨酸、色氨酸和缬氨酸等多种氨基酸在人体中不能合成,必须依靠食品供给,故被称为必需氨基酸。它们对人体有着极其重要的生理功能,如果缺乏或减少其中某一种,人体的正常生命代谢就会受到影响。随着食品科学的发展和营养知识的普及,食物蛋白质中必需氨基酸含量的高低及氨基酸的构成,越来越得到人们的重视。为提高蛋白质的生理功效而进行食品氨基酸互补和强化的理论,对食品加工工艺的改革,保健食品的开发及合理配膳等工作都具有积极的指导作用。因此,食品及其原料中氨基酸的分离、鉴定和定量也具有极其重要的意义。

二、蛋白质的测定方法

测定蛋白质的方法可分为两大类:一类是利用蛋白质的共性,即含氮量、肽键和折射率等测定蛋白质含量;另一类是利用蛋白质中特定氨基酸残基、酸性和碱性基团以及芳香基团等测定蛋白质含量。但因食品种类繁多,食品中蛋白质含量各异,特别是其他成分,如碳水化合物、脂肪和维生素等干扰成分很多,因此蛋白质含量测定最常用的方法是凯氏定氮法。此外,双缩脲法、染料结合法、酚试剂法等,由于方法简便快速,故也多用于生产单位质量分析蛋白质含量。经不断地研究改进,凯氏定氮法在应用范围、分析结果的准确度、仪器装置及分析操作速度等方面均取得了新的发展。另外,采用红外分析仪,利用波长在 $0.75\sim$ $3.0~\mu m$ 范围内的近红外线具有被食品中蛋白质组分吸收及反射的特性,依据红外线的反射强度与食品中蛋白质含量之间存在的函数关系建立了近红外光谱快速定量方法。

1. 凯氏定氮法

凯氏定氮法由丹麦化学家约翰·凯耶达尔(Johan Gutsaw Christoffer Thorsager Kjeldahl)于 1883 年首先提出,经过长期改进,迄今已演变成常量法、微量法、半微量法、自动定氮仪法等多种方法。它是测定总有机氮的最准确和操作简便的方法之一,在国内外应用普遍。该法是通过测出样品中的总含氮量再乘以相应的蛋白质系数而求出蛋白质含量的,由于样品中常含有少量非蛋白含氮化合物,故此法的结果称为粗蛋白质含量。凯氏定氮法不适用于添加无机含氮物质、有机非蛋白质含氮物质的食品测定。

样品与硫酸和催化剂一同加热消化,使蛋白质分解,其中碳和氢被氧化成二氧化碳和水逸出,而样品中的有机氮转化为氨与硫酸结合成硫酸铵。然后加碱蒸馏,使氨游离,用硼酸吸收后再用盐酸或硫酸标准溶液滴定。根据标准酸消耗量可计算出蛋白质的含量。

（1）消化：消化反应方程式如下：

$$2NH_2(CH_2)_2COOH + 13H_2SO_4 \xrightarrow{\quad\quad} (NH_4)_2SO_4 + 6CO_2\uparrow + 12SO_2\uparrow + 10H_2O$$

在消化反应中，为了加速蛋白质的分解，缩短消化时间，常加入硫酸钾和硫酸铜。

① 硫酸钾：加入硫酸钾可以提高溶液的沸点而加快有机物分解。它与硫酸作用生成硫酸氢钾可提高反应温度，一般纯硫酸的沸点在 340 ℃左右，而添加硫酸钾后，可使温度提高至 400 ℃以上，原因是随着消化过程，硫酸不断地被分解，水分不断逸出而使硫酸钾浓度增大，故沸点升高，其反应式如下：

$$K_2SO_4 + H_2SO_4 \xrightarrow{\quad\quad} 2KHSO_4$$

$$2KHSO_4 \xrightarrow{\quad\quad} K_2SO_4 + H_2O + SO_3\uparrow$$

但硫酸钾加入量不能太大，否则消化体系温度过高，又会引起已生成的铵盐发生热分解放出氨而造成损失。

$$(NH_4)_2SO_4 \xrightarrow{\quad\quad} NH_3\uparrow + NH_4HSO_4$$

$$NH_4HSO_4 \xrightarrow{\quad\quad} NH_3\uparrow + SO_3\uparrow + H_2O$$

除硫酸钾外，也可以加入硫酸钠、氯化钾等盐类来提高沸点，但效果不如硫酸钾。

② 硫酸铜：硫酸铜起催化剂的作用。凯氏定氮法中可用的催化剂种类很多，除硫酸铜外，还有氧化汞、汞、硒粉、二氧化钛等，但考虑到效果、价格及环境污染等多种因素，应用最广泛的是硫酸铜。使用时常加入少量过氧化氢、次氯酸钾等作为氧化剂以加速有机物氧化，硫酸铜的作用机理如下：

$$2CuSO_4 \xrightarrow{\quad\quad} Cu_2SO_4 + SO_2\uparrow + O_2\uparrow$$

$$C + 2CuSO_4 \xrightarrow{\quad\quad} Cu_2SO_4 + SO_2\uparrow + CO_2\uparrow$$

$$Cu_2SO_4 + 2H_2SO_4 \xrightarrow{\quad\quad} 2CuSO_4 + H_2O + SO_2\uparrow$$

上述反应不断进行，待有机物全部被消化完后，不再生成硫酸亚铜，溶液呈现清澈的蓝绿色。故硫酸铜除起催化剂的作用外，还可指示消化终点的到达，以及下一步蒸馏时作为碱性反应的指示剂。

（2）蒸馏：在消化完全的样品溶液中加入浓氢氧化钠使溶液呈碱性，加热蒸馏即可释放出氨气，反应方程式如下：

$$2NaOH + (NH_4)_2SO_4 \xrightarrow{\quad\quad} 2NH_3\uparrow + Na_2SO_4 + 2H_2O$$

（3）吸收、滴定：加热蒸馏所放出的氨，可用硼酸溶液进行吸收，待吸收完全后，再用盐酸标准溶液滴定，因硼酸呈微弱酸性，用酸滴定不影响指示剂的变色反应，但它有吸收氨的作用。吸收与滴定反应方程式如下：

$$2NH_3 + 4H_3BO_3 \Longrightarrow (NH_4)_2B_4O_7 + 5H_2O$$
$$(NH_4)_2B_4O_7 + 5H_2O + 2HCl \Longrightarrow 2NH_4Cl + 4H_3BO_3$$

凯氏定氮法按照样品量的大小分为常量、半微量和微量,相应装置分别如图2-14～图2-16所示。

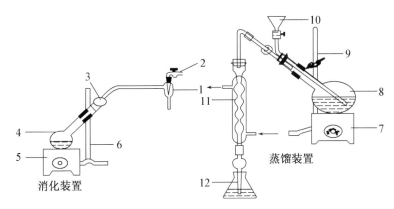

图 2-14　常量凯氏定氮消化、蒸馏装置

1—水力抽气管　2—水龙头　3—倒置燥管　4—凯氏烧瓶　5、7—电炉

8—蒸馏烧瓶　6、9—铁支架　10—进样漏斗　11—冷凝管　12—接收瓶

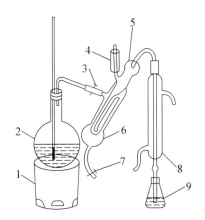

图 2-15　半微量凯氏定氮蒸馏装置

1—电炉　2—水蒸气发生器　3—螺旋夹　4—小玻杯及棒状玻塞　5—反应室

6—反应室外层　7—橡皮管及螺旋夹　8—冷凝管　9—蒸馏液接收瓶

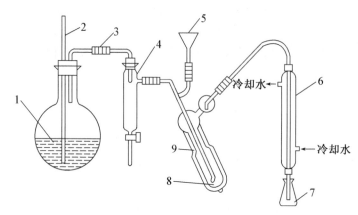

图 2-16　微量凯氏定氮蒸馏装置

1—蒸汽发生瓶　2—安全管　3—导管　4—汽水分离管　5—样品入口
6—冷凝管　7—吸收瓶　8—蒸馏器　9—隔热管

样品中蛋白质含量计算,常量和微量法采用公式(1),半微量法采用公式(2)。

$$X=\frac{c\times(V_1-V_2)\times\dfrac{M}{1\,000}}{m}\times F\times 100 \qquad (1)$$

$$X=\frac{c\times(V_1-V_2)\times\dfrac{M}{1\,000}}{m\times\dfrac{10}{100}}\times F\times 100 \qquad (2)$$

式中:X——样品中蛋白质的含量,g/100 g 或 g/100 mL;

　　　c——盐酸标准溶液的浓度,mol/L;

　　　V_1——滴定样品吸收液时消耗盐酸标准溶液的体积,mL;

　　　V_2——滴定空白吸收液时消耗盐酸标准溶液的体积,mL;

　　　m——样品的质量或体积,g 或 mL;

　　　M——氮的摩尔质量,14.01 g/mol;

　　　F——氮换算为蛋白质的系数。

说明及注意事项如下:

① 所用试剂溶液均用无氨蒸馏水配制。

② 消化时不要用强火,应保持微沸状态,注意不时转动凯氏烧瓶,以便利用冷凝酸液将附在瓶壁上的固体残渣洗下并促进其消化完全。有机物如分解完全,消化液呈蓝色或浅绿色,但含铁量多时,呈较深的绿色。

③ 样品中若含脂肪或糖较多时,消化过程中易产生大量泡沫,为防止泡沫

溢出瓶外,在开始消化时应用小火加热,并不断摇动;或者加入少量辛醇或液状石蜡或硅油消泡剂,并同时注意控制热源强度。

④ 若取样量较大,如干试样超过 5 g,可按每克试样 5 mL 的比例增加硫酸用量。当样品消化液不易澄清透明时,可将凯氏烧瓶冷却,加入 30% 过氧化氢 2～3 mL 后再继续加热消化。

⑤ 一般消化至透明后,继续消化 30 min 即可,但对于含有特别难以消化的含氮化合物的样品,如含赖氨酸、组氨酸、色氨酸、酪氨酸或脯氨酸等时,需适当延长消化时间。

⑥ 蒸馏装置不能漏气。蒸馏时蒸汽要充足均匀,加碱要够量,动作要快,防止氨损失。

⑦ 硼酸吸收液的温度不应超过 40 ℃,否则对氨的吸收作用减弱而造成损失,实验时可置于冷水浴中使用。

⑧ 蒸馏完毕后,应先将冷凝管下端提离液面清洗管口,再蒸 1 min 后关掉热源,否则可能造成吸收液倒吸。

⑨ 混合指示剂在碱性溶液中呈绿色,在中性溶液中呈灰色,在酸性溶液中呈红色。

三、蛋白质的快速测定法

凯氏定氮法是各种测定蛋白质含量方法的基础。经过长期的应用和不断改进,具有应用范围广、灵敏度较高、回收率较好以及可以不用昂贵仪器等优点。但操作费时,对于高脂肪、高蛋白质的样品消化需要 5 h 以上,且在操作中会产生大量有害气体而污染工作环境,影响操作人员健康。

为了满足生产单位对工艺过程的快速控制分析,尽量减少环境污染和操作简便省时,因此又陆续创立了不少快速测定蛋白质的方法,如双缩脲法、紫外分光光度法、染料结合法. 水杨酸比色法、折光法、旋光法及近红外光谱法等,现对前四种方法分别介绍如下。

1. 双缩脲法

当脲被小心地加热至 150～160 ℃时,可由 2 个分子间脱去 1 个氨分子而生成二缩脲(也叫双缩脲)反应式如下:

$$H_2NCONH_2 + H_2NCONH_2 \Longrightarrow H_2NCONHCONH_2 + NH_3\uparrow$$

双缩脲与碱及少量硫酸铜溶液作用生成紫红色的配合物,此反应称为双缩脲反应:

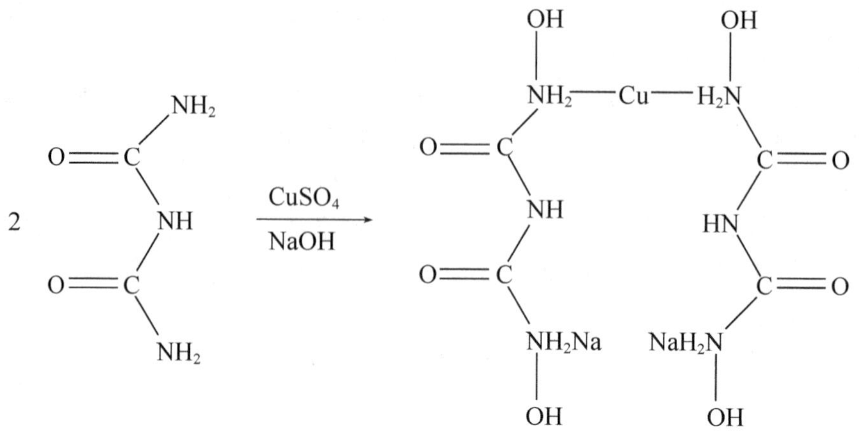

由于蛋白质分子中含有肽键（—CO—NH—），与双缩脲结构相似，故也能呈现此反应而生成紫红色的配合物，在一定条件下其颜色深浅与蛋白质含量成正比，据此可用吸收光度法来测定蛋白质含量，该配合物的最大吸收波长为 560 nm。

样品中蛋白质含量根据下列公式计算。

$$X = \frac{m_0}{m} \times 100$$

式中：X——样品中蛋白质的含量，mg/100 g；

m_0——由标准曲线查得的蛋白质质量，mg；

m——样品的质量，mg。

说明及注意事项如下：

① 有大量脂类物质共存时，会产生混浊的反应混合物，可用乙醚或石油醚脱脂后测定。

② 在配制试剂加入硫酸铜溶液时必须剧烈搅拌，否则会生成氢氧化铜沉淀。

③ 蛋白质的种类不同，对发色程度的影响不大。

④ 当样品中含有脯氨酸时并有大量糖类共存时，则显色不好，测定结果偏低。

双缩脲法灵敏度较低，但操作简单快速，故在生物化学领域中测定蛋白质含量时常用此法。双缩脲法亦适用于豆类、油料、米谷等作物种子及肉类等样品的测定。

2. 紫外分光光度法

蛋白质及其降解产物的芳香环残基(—NH—CHR—CO—)在紫外区内对一定波长的光具有选择吸收作用。在 280 nm 波长下,光吸收程度与蛋白质浓度(3~8 mg/mL)呈直线关系,因此,通过测定蛋白质溶液的吸光度,并参照事先用凯氏定氮法测定蛋白质含量的标准样所做的标准曲线,即可求出样品的蛋白质含量。

样品中蛋白质含量根据下列公式计算:

$$X = \frac{m'}{m} \times 100$$

式中:X——样品中蛋白质的含量,mg/100 g;

m'——标准曲线查得的蛋白质质量,mg;

m——测定样品溶液所相当于样品的质量,mg。

说明及注意事项如下:

① 测定牛乳样品时的操作步骤为:准确吸取混合均匀的样品 0.2 mL,置于 25 mL 纳氏比色管中,用 95%~97% 的冰乙酸稀释至标线,摇匀,以 95%~97% 冰乙酸为参比液。用 1 cm 比色皿于 280 nm 处测定吸光度。并用标准曲线法确定样品蛋白质含量(标准曲线以采用凯氏定氮法已测出牛乳标准样的蛋白质含量绘制)。

② 测定糕点时,应将表皮的颜色去掉。

③ 温度对蛋白质水解有影响,操作温度应控制在 20~30 ℃。

紫外分光光度法操作简便、迅速,常用于生物化学研究,但由于许多非蛋白质成分在紫外光区也有吸收作用,加之光散射作用的干扰,故在食品分析领域中的应用并不广泛,最早用于测定牛乳的蛋白质含量,也可用于测定小麦、面粉、糕点、豆类、蛋黄及肉制品中的蛋白质含量。

3. 染料结合法

在特定的条件下,蛋白质可与某些染料(如胺墨 10B 或酸性橙 12 等)定量结合而生成沉淀,用分光光度计测定沉淀反应完成后剩余的染料量,即可计算出反应消耗的染料量,进而可求得样品中蛋白质含量。

说明及注意事项如下:

① 取样要均匀。

② 绘制完整的标准曲线可供同类样品长期使用,而不需要每次测样时都作标准曲线。

③ 脂肪含量高的样品,应先用乙醚或石油醚脱脂,然后再测定。

④ 在样品溶解性能不好时,也可用此法测定。

⑤ 本法具有较高的经验性,故操作方法必须标准化。

⑥ 本法所用染料还包括橙黄 G 和溴酚蓝等。

⑦ 本法适用于牛乳、冰激凌、酪乳、巧克力饮料,脱脂乳粉等食品。

4. 水杨酸比色法

样品中的蛋白质经硫酸消化生成铵盐溶液后,在一定的酸度和温度条件下,可与水杨酸钠和次氯酸钠作用生成蓝色的化合物,可以在波长 660 nm 处比色测定,求出样品含氮量,进而可计算出蛋白质含量。

样品中含氮量根据下列公式计算:

$$N=\frac{m_0 \times K}{m \times 1\,000 \times 1\,000} \times 100$$

式中:N——样品中含氮量,g/100 g;

m_0——从标准曲线查得的样品的含氮量,μg;

m——样品的质量,g;

K——样品溶液的稀释倍数。

样品中蛋白质含量根据下列公式计算。

$$X=N \times F$$

式中:X——样品中蛋白质的含量,g/100 g;

F——蛋白质系数。

说明及注意事项如下:

① 样品消化完成后当天进行测定结果的重现性好,样液放至第二天比色即有变化。

② 温度对显色影响极大,故应严格控制反应温度。

③ 对谷物及饲料等样品的测定结果证明,此法结果与凯氏定氮法基本一致。

四、氨基酸的测定方法

1. 双指示剂甲醛滴定法

氨基酸含有酸性的—COOH,也含有碱性的—NH_2,它们相互作用使氨基酸成为中性的内盐,不能直接用碱液滴定它的羧基。当加入甲醛时,—NH_2 与甲醛结合,其碱性消失,使—COOH 显示出酸性,可用氢氧化钠标准溶液滴定。

用此法滴定的结果可表示 α-氨基酸态氮的含量,其精确度仅达氨基酸理论含量的 90%。如果样品中只含有某一种已知的氨基酸,从滴定的结果可算出该氨基酸的含量。如果样品是多种氨基酸的混合物(如蛋白水解液),则滴定结果不能作为氨基酸的定量依据,但一般常用此法测定蛋白质水解程度,当水解完成后,滴定值不再增加。应注意的是,脯氨酸与甲醛作用产生不稳定的化合物,使结果偏低;酪氨酸含有酚羟基,滴定时会消耗一些碱,使结果偏高;溶液中若有铵存在也可与甲醛反应,使结果偏高。

样品中氨基酸含量根据下列公式计算:

$$X = \frac{c \times (V_2 - V_1) \times 0.014}{V} \times 100$$

式中:X——氨基酸态氮含量,g/100 mL;

　　V_1——中性红作指示剂时消耗氢氧化钠标准液的体积,mL;

　　V_2——百里酚酞作指示剂时消耗氢氧化钠标准液的体积,mL;

　　c——氢氧化钠标准液的浓度,mol/L;

　　V——样品液取用量,mL;

　　0.014——氮的毫摩尔质量,g/mmol。

说明及注意事项如下:

① 此法适用于测定食品中的游离氨基酸。

② 固体样品应先进行粉碎,准确称样后用水萃取,然后测定萃取液;液体试样如酱油、饮料等可直接吸取试样进行测定。萃取可在 50 ℃水浴中进行 0.5 h即可。

③ 若样品颜色较深,可加适量活性炭脱色后再测定,或用电位滴定法进行测定。

④ 与本法类似的还有单指示剂(百里酚酞)甲醛滴定法,此法用标准碱完全中和—COOH 时的 pH 值为 8.5~9.5,但分析结果稍偏低,即双指示剂法的结果更准确。

2. 电位滴定法

本法根据酸度计指示 pH 值控制滴定终点,适合有色样液的检测。

样品中氨基酸含量根据下列公式计算:

$$X = \frac{c \times (V_1 - V_2) \times 0.014}{V} \times 100$$

式中:X——氨基酸含量,g/100 mL;

　　V_1——测定用样品加入甲醛稀释后消耗氢氧化钠标准液的体积,mL;

　　V_2——试剂空白试验加入甲醛后消耗氢氧化钠标准液的体积,mL;

　　c——氢氧化钠标准液的浓度,mol/L;

V——样品液取用量,mL;

0.014——氮的毫摩尔质量,g/mmol。

说明及注意事项如下:

① 本法准确快速,可用于各类样品游离氨基酸含量测定。

② 对于混浊和色深样液可不经处理而直接测定。

3. 茚三酮比色法

氨基酸在碱性溶液中能与茚三酮作用,生成蓝紫色化合物(除脯氨酸外均有此反应),该蓝紫色化合物的颜色深浅与氨基酸含量成正比,其最大吸收波波长为 570 nm,据此可以用吸光光度法测定样品中氨基酸含量。

样品中氨基酸含量根据下列公式计算:

$$X = \frac{c}{m \times 1\,000} \times 100$$

式中:X——氨基酸含量,$\mu g/100\ g$;

c——从标准曲线上查得的氨基酸的含量,μg;

m——测定的样品溶液相当于样品的质量,g。

说明及注意事项如下:

茚三酮在放置过程中易被氧化呈淡红色或深红色,使用前须进行纯化。方法为:取 10 g 茚三酮溶于 40 mL 热水中,加入 1 g 活性炭,摇动 1 min,静置 30 min,过滤;将滤液放入冰箱中过夜,出现蓝色结晶,过滤,用 2 mL 冷水洗涤结晶,置干燥器中干燥,装瓶备用。

4. 氨基酸自动分析仪法

食物蛋白质经盐酸水解成为游离氨基酸,经氨基酸分析仪的离子交换柱分离后,与茚三酮溶液产生颜色反应,再通过分光光度计比色测定氨基酸含量。此法可同时测定天冬氨酸、苏氨酸、丝氨酸、谷氨酸、脯氨酸、甘氨酸、丙氨酸、缬氨酸、蛋氨酸、异亮氨酸、亮氨酸、酪氨酸、苯丙氨酸、组氨酸、赖氨酸和精氨酸16种氨基酸,其最低检出限为 10 pmol。

测定在氨基酸自动分析仪上完成,可控制的操作条件包括缓冲液流量、茚三酮流量、柱温、色谱柱规格。

上机样品液中氨基酸总量根据下列公式计算:

$$N = \frac{c \times A_1}{A_0}$$

式中:N——上机样品液中氨基酸量,$nmol/50\ \mu L$;

c——上机标准液中氨基酸量,$nmol/50\ \mu L$;

　　A_1——样品峰面积；

　　A_0——氨基酸标准峰面积。

样品中氨基酸含量根据下列公式计算：

$$X = \frac{N \times M \times f \times 100}{m \times V \times 10^6}$$

式中：N——上机样品液中氨基酸量，mg/100 g；

　　　f——样品的稀释倍数；

　　　M——氨基酸的相对分子质量；

　　　m——样品的质量，g；

　　　V——上机时的进样量（此处为 50 μL）

说明及注意事项如下：

① 样品中氨基酸的含量在 1.00 g/100 g 以下，保留两位有效数字；含量在 1.00 g/100 g 以上，保留三位有效数字。

② 16 种氨基酸相对分子质量：天冬氨酸 133.1；苏氨酸 119.1；丝氨酸 105.1；谷氨酸 147.1；脯氨酸 115.1；甘氨酸 75.1；丙氨酸 89.1；缬氨酸 117.2；蛋氨酸 149.2；异亮氨酸 131.2；亮氨酸 131.2；酪氨酸 181.2；苯丙氨酸 165.2；组氨酸 155.2；赖氨酸 146.2；精氨酸 174.2。

③ 标准出峰顺序和保留时间见表 2-8，标准图谱如图 2-17 所示。

表 2-8　标准出峰顺序和保留时间

序号	出峰顺序	保留时间/min	序号	出峰顺序	保留时间/min
1	天冬氨酸	5.55	9	蛋氨酸	19.63
2	苏氨酸	6.60	10	异亮氨酸	21.24
3	丝氨酸	7.09	11	亮氨酸	22.06
4	谷氨酸	8.72	12	酪氨酸	24.52
5	脯氨酸	9.63	13	苯丙氨酸	25.76
6	甘氨酸	12.24	14	组氨酸	30.41
7	丙氨酸	13.10	15	赖氨酸	32.57
8	缬氨酸	16.65	16	精氨酸	40.75

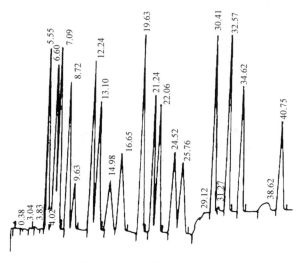

图 2-17　氨基酸标准图谱

④ 本法为国家标准食物中氨基酸的测定方法,适用于食物中的 16 种氨基酸的测定,最低检出限为 10 pmol。但本方法不适用于蛋白质含量低的水果、蔬菜、饮料和淀粉类食物的测定。

项目实施

任务 1　大豆中蛋白质含量的测定

一、目的

1. 掌握凯氏定氮法检测蛋白质含量的方法。
2. 熟悉凯氏定氮法的原理。

二、原理

利用硫酸及催化剂与食品试样一同加热消化,使蛋白质分解,其中 C、H 形成 CO_2、H_2O 逸出,而氮以氨的形式与硫酸作用,形成硫酸铵留在酸液中。然后将消化液碱化,蒸馏,使氨游离,用水蒸气蒸出,被硼酸吸收。用标准盐酸溶液滴定所生成的硼酸铵,从消耗的盐酸标准液计算出总氮量,再折算为粗蛋白含量。

三、仪器与试剂

1. 实验仪器

(1) 100 mL 凯氏烧瓶。

(2) 半微量凯氏定氮装置。

2. 试剂

硫酸铜、硫酸钾、硫酸、2％硼酸溶液、混合指示剂(0.1％甲基红乙醇溶液与0.1％溴甲酚绿乙醇溶液,临用时按 1∶5 的比例混合)、20％ NaOH 溶液、0.01 mol/L HCl 标准溶液。

四、实验步骤

1. 样品消化

准确称取粉碎均匀的黄豆粉 0.3 g 左右,小心移入干燥的凯氏烧瓶中(勿粘附在瓶壁上),加入 0.5 g CuSO₄、3 g K₂SO₄ 及 10 mL 浓硫酸,于瓶口倒插入一口径适宜的干燥管,用胶管与水力真空管相连接,利用水力抽出消化过程所产生的烟气。先以小火缓慢加热,待反应物完全炭化,泡沫消失后再加大火力,消化至溶液透明呈蓝绿色。取下抽气管,继续加热 0.5 h,冷却至室温。

取 20 mL 蒸馏水,徐徐加入烧瓶中,待样品冷至室温,移入 100 mL 的容量瓶中,用蒸馏水冲洗烧瓶数次,并入容量瓶,旋转混匀放冷,再用蒸馏水定容,备用。

同时做一空白消化。

2. 蒸馏与吸收

(1) 按蒸馏装置图 2 - 15 安装好装置,将所有的夹子打开。取下样品加入口的磨口塞,从样品加入口加入 20 mL 的蒸馏水,再插回塞好,并给冷凝管接通冷凝水。

(2) 往蒸汽发生瓶中加入蒸馏水至其体积的三分之二处,加入几粒沸石和 4 滴甲基橙,再加入 3 mL 浓硫酸,然后置于电炉上加热使溶液沸腾。

(3) 产生蒸汽后,让蒸汽经导管进入反应管外套,待废液排放口排出蒸汽后,夹 7 -螺旋夹,使蒸汽进入反应管,蒸馏洗涤 10 分钟。夹上夹子 3 -螺旋夹,待反应管内的水全部排出到外套后,打开夹子 7 -螺旋夹,排出废水。马上从进样口加入蒸馏水约 20 mL,重复上述操作,反复洗涤 3 次,洗涤完毕。

(4) 吸取 10 mL 样液(或空白)从样品加入口加入到反应管内,插上磨口塞。量取 25 mL 2％硼酸置于 250 mL 锥形瓶内,然后将此吸收液置于冷凝管下端,冷凝管下端应插入到液面以下。再从样品加入口加入约 20 mL 20%NaOH 溶液使反应管内的样液有黑色沉淀生成或变成深蓝色,用少量水洗涤加入口,插好磨口塞,并用少量水封口。

(5)夹上 7-螺旋夹,让蒸汽经导管进入反应管外套,并进入反应管,蒸馏开始,待吸收液变绿后计时蒸馏 10 分钟,将冷凝管下端提离吸收液面,再蒸馏 1 分钟,用萘氏试剂检查无氨后,停止承接蒸馏液。按上述步骤(3)方法排废液并洗涤三次,再做样品平行测定。测定完毕,打开全部夹子,停止加热,待冷却后拆除装置并洗涤干净。

3. 滴定

用 0.01 mol/L HCl 滴定吸收液至变为红色为终点,记下消耗的 HCl 体积。

五、结果计算

$$蛋白质\% = \frac{c \times (V_1 - V_2) \times 0.014\,01}{m \times 10/100} \times F \times 100$$

式中:c——HCl 标准溶液的浓度,mol/L;

V_1——滴定样品吸收液消耗的 HCl 标准溶液的体积,mL;

V_2——滴定样品空白液消耗的 HCl 标准溶液的体积,mL;

m——黄豆粉的质量,g;

F——黄豆的蛋白质含量换算系数 5.71。

思考题

1. 凯氏定氮法测定蛋白质的原理及主要步骤是什么?

2. 凯氏定氮法测定蛋白质时可用哪些助剂?其作用是什么?

3. 双缩脲法测定蛋白质的原理、主要步骤及注意事项是什么?

4. 水杨酸比色法测定蛋白质的原理、主要步骤及注意事项是什么?

5. 紫外分光光度法测定蛋白质的原理、主要步骤及注意事项是什么?

项目七 矿物质的测定

学习目标

一、知识目标

1. 熟悉国家标准检测方法及相关文献的检索知识。
2. 了解矿物质的分类、动植物性食品中的矿物质。
3. 掌握 EDTA 络合滴定法、氧化还原法、沉淀滴定法、比色法、离子选择性电极测定法的原理及应用。

二、能力目标

1. 能利用多种手段查阅食品中矿物质测定的方法。
2. 能用 EDTA 法测定钙制剂中钙的含量。
3. 能正确进行数据处理。

项目相关知识

一、概述

现代仪器有可能一次就可完成对所有矿物质的测定,而且有些仪器对矿物质的检测限可达到十亿分之一,但这些分析仪器的价格昂贵,超出了很多质检实验室的经济能力。大量样品的分析需要自动化仪器,这些仪器往往也非常昂贵,而用于零星样品的几种矿物质的分析则不需要太多的费用,一般有两种方法可供选择:① 把样品送到有关具备资质的单位或机构分析;② 运用传统的分析方法进行分析,这些分析方法所需的仪器和化学试剂一般分析实验室都有。食品中矿物质的常用分析方法包括:重量分析、滴定分析、比色分析、原子吸收分光光度法以及电化学分析法。

1. 矿物质在膳食中的重要性

人体中大约 98% 的 Ca 和 80% 的 P 存在于骨骼中,Mg、K、Ca、Na 则与神经传导和肌肉收缩有关。胃中的盐酸对膳食中的矿物质溶解及吸收有很大的影响。膳食中的矿物质主要有 Ca、P、Na、K、Mg、Cl 和 S,成人每天至少需要100 mg 这些矿物质,每一种矿物质在人体内都有其特殊的功能,如果日常膳食中这些矿物质不能正常供给,机体就会发生病变。另外还有每天需要量很少(以mg 计)的 10 种微量元素,包括 Fe、I、Zn、Cu、Cr、Mn、Mo、F、Se 和 Si。在维持机体的功能方面,每种元素都有其特殊的生理作用,如铁是血红蛋白和肌红蛋白分子的组成成分,与细胞间传输氧气的功能有关。

还有一类元素被称为超微量矿物质,目前正处于研究阶段,还不能明确解释其生物作用,这类矿物质包括:V、Sn、Ns、As 和 B。

一些矿物质则已被证明对人体有毒,因此在膳食中应该避免摄入,这些元素包括:Pb、Hg、Cd 和 Al。必需矿物质如 F 和 Se,在正常的饮食水平下,对人体健康有利,但如果摄入过多则对人体有害。

水作为膳食中需求量最大的一种营养物质(成人每天需 2.0 L～3.0 L),可以从饮用水、其他饮料及食物中获得。作为饮料的水很少是纯水,而是含有矿物质的,其组成取决于水源。这些饮用水是一些矿物质的主要膳食来源。当饮用水中氟的含量维持在 0.7～1.0 mg/kg 水平时,可以使 10～12 岁人群的龋齿、掉牙或补牙的发生率下降70%。

2. 动物性食品中的矿物质

(1) 牛乳中的矿物质:牛乳中的矿物质含量约为 0.7%,其中 Na、K、Ca、P、S、Cl 等含量较高,Fe、Cu、Zn 等含量较低。牛乳因富含 Ca 常作为人体 Ca 的主要来源,乳清中的钙占总 Ca 的 30% 且以溶解态存在;剩余的 Ca 大部分与酪蛋白结合,以磷酸钙胶体形式存在;少量的 Ca 与 α-乳清蛋白和 β-乳球蛋白结合而存在。牛奶加热时 Ca、P 从溶解态转变为胶体态。牛乳中的主要矿物质含量见表 2-9。

表 2-9　牛乳中主要矿物质含量

矿物质	范围/(mg/100 g)	平均值/(mg/100 g)	溶解相分布/%	胶体相分布/%
总 Ca	110.9～120.3	117.7	33	67
离子 Ca	10.5～12.8	11.4	100	0
Mg	11.4～13.0	12.1	67	33
Na	47～77	58	94	6
K	113～171	140	93	7
P	79.8～101.7	95.1	45	55
Cl	89.8～187.0	104.5	100	0

表 2-10　牛肉中的矿物质含量

矿物质	含量/(mg/100 g)	矿物质	含量/(mg/100 g)
全 Ca	86	可溶性无机盐	95.2
可溶性 Ca	38	钠	168.0
全 P	24.2	钾	244.0
可溶性 P	17.7	氯	48.0
全无机 P	233.0		

　（2）肉中的矿物质：肉类是矿物质的良好来源（表 2-10）。其中 K、Na、P 含量相当高，Fe、Cu、Mn、Zn 含量也较多。肉中的矿物质有的呈溶解状态，有的呈不溶解状态，不溶解的矿物元素与蛋白质结合在一起。肉在解冻时由于滴汁发生 Na 的大量损失，而 Ca、P、K 则损失较小。

　（3）蛋中的矿物质：蛋中的 Ca 主要存在于蛋壳中，其他矿物质主要存在于蛋黄中。蛋黄中富含 Fe，但由于卵黄磷蛋白（Prosvitin）的存在大大影响了 Fe 在人体内的生物利用率。此外，鸡蛋中的伴清蛋白（Conalbumin）可与金属离子结合，影响了其在人体内的吸收与利用。鸡蛋中的伴清蛋白与金属离子亲和性大小依次为 $Fe^{3+} > Cu^{2+} > Mn^{2+} > Zn^{2+}$。

　3. 植物性食品中的矿物质

　　植物性食品中的矿物质分布不均匀，其钾的含量比钠高。谷类食品中的矿物质主要集中在麸皮或米糠中，胚乳中含量很低（表 2-11）。当谷物精加工时会造成矿物质的大量损失。豆类食品 K、P 含量较高，是人体的优质来源（表 2-12），但大豆中的磷 70%～80% 与植酸结合，影响人体对其他矿物质如钙、锌等的吸收。

表 2-11　小麦不同部位中矿物质含量

部位	P/%	K/%	Na/%	Ca/%	Mg/%	Mn/%	Fe/(mg/kg)	Cu/(mg/kg)
全胚乳	0.10	0.13	0.002 9	0.017	0.016	24	13	8
全麦麸	0.38	0.35	0.006 7	0.032	0.11	32	31	11
中心部位	0.35	0.34	0.005 1	0.025	0.086	29	40	7
胚尖	0.55	0.52	0.003 6	0.051	0.13	77	81	8
残余部分	0.41	0.41	0.005 7	0.036	0.13	44	46	12
整麦粒	0.44	0.42	0.006 4	0.037	0.11	49	54	8

表 2-12 大豆(干重)中矿物质含量

矿物质	范围/%	平均值/%
灰分	3.30~6.35	4.60
K	0.81~2.39	1.83
Ca	0.19~0.30	0.24
Mg	0.24~0.34	0.31
P	0.50~1.08	0.78
S	0.10~0.54	0.24
Cl	0.03~0.04	0.03
Na	0.14~0.61	0.24

蔬菜中的矿物质以 K 最高(表 2-13),而水果中的矿物质含量(表 2-14)低于蔬菜。不同品种、产地的蔬菜和水果中矿物质含量有差异,主要是与植物富集矿物质的能力有关。虽然蔬菜和水果中水分高,矿物质含量低,但它们仍然是膳食中矿物质的一个重要来源。

表 2-13 部分蔬菜中矿物质含量

蔬菜	Ca/(mg/100 g)	P/(mg/100 g)	Fe/(mg/100 g)	K/(mg/100 g)
菠菜	72	53	1.8	502
莴笋	7	31	2.0	318
茭白	4	43	0.3	284
苋菜(青)	180	46	3.4	577
苋菜(红)	200	46	4.8	473
芹菜(茎)	160	61	8.5	163
韭菜	48	46	1.7	290
毛豆	100	219	6.4	579

表 2-14 部分水果中矿物质含量

水果	Mg/(mg/100 g)	P/(mg/100 g)	K/(mg/100 g)
橘子	10.2	15.8	175
苹果	3.6	5.4	96
葡萄	5.8	12.8	200
樱桃	16.2	13.3	250
梨	6.5	9.3	129
香蕉	25.4	16.4	373
菠萝	3.9	3.0	142

食品中矿物质的含量对食品的营养价值、潜在毒性、加工工艺和安全性等具有非常重要的意义。

二、矿物质的测定方法

1. 样品制备

在用传统的分析方法进行矿物质分析时,必须先进行样品制备,样品经预处理能去除某些干扰因素,但也会增加外来的污染物质或损失一些挥发性元素。分析前样品的正确处理对食品中矿物质含量的分析结果非常重要。

(1) 样品制备:使用近红外和中子活化等手段进行矿物质分析可不破坏碳水化合物、脂肪、蛋白质和维生素的碳链结构;而传统的分析方法通常要求把矿物质以某种形式从有机介质中分离出来。用灰化方法处理食品样品可以测定食品中几种特殊的矿物质,水样不需预处理就可进行矿物质的测定。

矿物质分析的关键是矿物元素的污染问题。溶剂(如水)一般都含有大量矿物质,因此,在矿物质分析的所有步骤中都要求使用最纯的试剂。但是有时没有高纯度的试剂可供使用,在这种情况下,只有进行空白对照试验。空白对照试验所用的试剂量和分析样品时加入的量相同,但不加待测样品,最后定量时从测得样品的总含量中扣除因试剂产生的空白值。

(2) 干扰因素:pH 值、样品的质构、温度以及其他分析条件和试剂等因素都会对矿物质含量的精确测定产生影响。如果是可预测分析中的干扰因素,就可采用标准样品制作一条标准曲线,标准样品应由已知的,与存在于待测样品中含量相近的元素组成,如测定样品中 Ca 的含量时,就用统一用含有 Na、K、Mg 和 P 的水溶液配制钙的标准溶液,制作标准曲线。如果采用已知主要矿物质含量的溶液制作标准溶液(即作为标准溶液的介质溶液),那么此标准溶液就近似待测样品溶液,如果待测样品中主要矿物质之间存在干扰,则标准溶液中也存在着同样的干扰。因此,如果标准溶液采用待测样品的介质,那么标准溶液和待测样品中的干扰是相似的,为了对某一矿物质能进行精确分析,必须对特殊的干扰物质加以控制。

2. EDTA 络合滴定法

(1) 概述

有很多含有叔胺的羧酸能与金属离子形成稳定的络合物,乙二胺四乙酸(EDTA)是一种极重要的络合剂,常用的为它的二钠盐,写作 Na_2H_2Y,是以极纯的二水合物形式存在的。由于 EDTA 有氮和氧原子作为供体,因此它可以和碱金属以外的其他金属形成多达 6 个五元环状的络合物。

通常 EDTA 与金属离子以 1∶1 的比例形成络合物,典型的反应式如下:

$$m^{2+} + H_2Y^{2-} \longrightarrow mY^{2-} + 2H^+$$

$$m^{3+} + H_2Y^{2-} \longrightarrow mY^- + 2H^+$$

$$m^{4+} + H_2Y^{2-} \longrightarrow mY + 2H^+$$

很显然,pH 值能影响到络合物的形成。由于 EDTA 络合物非常稳定,所以 EDTA 滴定常用于定量分析。

(2) EDTA 滴定法测定钙含量

钙与氨羧络合剂能定量地形成金属络合物,其稳定性较钙与指示剂所形成的络合物更强。在适当的 pH 值范围内,以氨羧络合剂 EDTA 滴定,在达到当量点时,EDTA 就自指示剂络合物中夺取钙离子,使溶液呈现游离指示剂的颜色(终点)。根据 EDTA 络合剂用量,由下列公式计算钙的含量:

$$X = \frac{T \times (V - V_0) \times f \times 100}{m}$$

式中:X——样品中 Ca 含量,mg/100 g;

T——EDTA 滴定液的浓度,mg/mL;

V——滴定样品时所用 EDTA 量,mL;

V_0——滴定空白时所用 EDTA 量,mL;

f——样品稀释倍数;

m—样品的质量,g。

(3) 应用

EDTA 络合滴定法适用于富含钙而不含过多镁、磷的水果,蔬菜和其他的食品。在滴定前,先在 pH 3.5 条件下经 Omberlite 1R-4B 层析柱除去灰化原料中的磷,而镁的含量可使用钙镁指示剂通过差值法计算出来。

3. 比色法

(1) 概述

用可见波长范围内的电磁波照射一物体,某一波长的电磁波被吸收,而其他则被反射回来,反射回来的这些波长的电磁波就是我们所看到的颜色。在比色法中,一个化学反应必须快速生成一种稳定的颜色并且其最终产物是单色的,这个发色反应可应用于分析金属元素。

随着溶液颜色的加深能够透过溶液的光的强度也越来越弱,同样,光通过溶液传播的距离越长,传递的光的强度也越弱,根据光透过溶液或转换成被溶液吸收的能力就可以定量测定反应物浓度,此原理已被广泛应用于许多金属元素的含量分析。

（2）比色法测定磷含量

磷钼矾酸盐的颜色强度可以通过使用分光光度法来定量分析。这种方法与其他大多数方法相比具有产生的颜色更稳定的优点，因此为首选方法。

食品中的有机物经酸破坏以后，磷在酸性条件下与钼酸铵结合生成磷钼酸铵。用氯化亚锡、硫酸肼还原磷钼酸铵生成蓝色化合物——钼蓝。蓝色强度与磷含量成正比，故样品中磷含量根据下列公式计算：

$$X = \frac{(c - c_0) \times V_1}{m \times V_2} \times \frac{100}{1\,000}$$

式中：X——样品中磷含量，mg/100 g；

$\quad c$——由标准曲线上查得样品测定溶液中磷含量，μg；

$\quad c_0$——空白溶液中磷含量，μg；

$\quad m$——样品质量，g；

$\quad V_1$——样品消化液的总体积，mL；

$\quad V_2$—测定用样品消化液的体积，mL。

（3）比色法测定锌含量

样品经消化后在 pH 值为 4.0～5.5 时，锌离子与二硫腙形成紫红色络合物，溶于四氯化碳中，加入硫代硫酸钠，可防止铜、汞、铅、铋、银和镉等离子干扰。与标准曲线比较定量，样品中锌含量根据下列公式计算：

$$X = \frac{(m_1 - m_2) \times 1\,000}{m \times \dfrac{V_2}{V_1} \times 1\,000}$$

式中：X——样品中锌的含量，mg/kg 或 mg/L；

$\quad V_1$——样品消化液总体积，mL；

$\quad V_2$——测定用样品消化液体积，mL；

$\quad m$——样品的质量或体积，g 或 mL；

$\quad m_1$——测定用样品消化液中锌的质量，μg；

$\quad m_2$——试剂空白液中锌的质量，g。

（4）比色法测定锡含量

样品经消化后在弱酸性条件下，Sn^{4+} 与苯芴酮生成微溶性的橙红色配合物，在保护性胶体存在下进行比色测定加入酒石酸，维生素 C 以掩蔽铁离子等的干扰。样品中锡含量根据下列公式计算：

$$X = \frac{(m_1 - m_0) \times 1\,000}{m \times \dfrac{V_2}{V_1} \times 1\,000}$$

式中:X——样品中锡的含量,mg/kg 或 mg/L;

m_1——测定用样品消化液中锡的含量,μg;

m_0——试剂空白液中锡的含量,μg;

m——样品质量(或体积),g 或 mL;

V_1——样品消化液的总体积,mL;

V_2——测定用样品消化液的体积,mL。

(5) 应用

比色法广泛应用于各种金属元素的测定,如铁的测定就提供了一个采用比色法对氧化还原反应进行定量分析的例子,其中氧化还原反应引起了发色反应。

有些去垢剂含磷,因此在使用比色法测定磷时必须对测磷所用的容器进行净化,即仔细地用去离子水冲洗至少 3 遍以上,以防止污染。

项目实施

任务　食品中钙含量的测定——EDTA 法

一、目的

1. 掌握 EDTA 法测定钙含量的原理。
2. 掌握 EDTA 法测定钙含量操作方法。

二、原理

钙与氨羧络合剂能定量地形成金属络合物,其稳定性较钙与指示剂所形成的络合物强。在适当的 pH 值范围内,以氨羧络合剂 EDTA 滴定,当达到当量点时,EDTA 就自指示剂络合物中夺取钙离子,使溶液呈现游离指示剂的颜色(终点)。根据 EDTA 络合剂用量,可计算钙的含量。

三、仪器与试剂

1. 实验仪器

烧杯(250 mL)、碱式滴定管(10 mL)、胶头滴管、试管、容量瓶(100 mL、500 mL)、电热板。

2. 实验试剂及配制

(1) 1.25 mol/L 氢氧化钾溶液:精确称取 71.130 0 g 氢氧化钾,用去离子水稀释至 1 000 mL。

（2）10 g/L 氰化钠溶液：称取 1.000 0 g 氰化钠，用去离子水稀释至 100 mL。

（3）0.05 mol/L 柠檬酸钠溶液：称取 0.147 0 g 柠檬酸钠，用去离子水稀释至 100 mL。

（4）混合酸消化液：硝酸∶高氯酸=4∶1。

（5）EDTA（乙二胺四乙酸二钠）溶液：精确称取 0.450 8 g EDTA，用去离子水稀释至 100 mL，贮存于聚乙烯瓶中，4 ℃保存。使用时稀释 10 倍即可。

（6）钙标准溶液：精确称取 0.124 8 g 碳酸钙（纯度大于 99.99%，105～110 ℃烘干 2 h），加 20 mL 去离子水及 3 mL 0.5 mol/L 盐酸溶解，移入 500 mL 容量瓶中，加去离子水稀释至刻度，贮存于聚乙烯瓶中，4 ℃保存。此溶液每毫升相当于 100 μg 钙。

（7）钙红指示剂：称取 0.1 g 钙红指示剂（$C_{21}O_7N_2SH_{14}$），用去离子水稀释至 100 mL，溶解后即可使用。贮存于冰箱中可保持一个半月以上。

四、实验步骤

1. 样品处理：精确称取均匀干试样 0.5～1.5 g（湿样 2.0～4.0 g，饮料等液体样品 5.0～10.0 g）于 250 mL 高型烧杯，加混合酸消化液 20～30 mL，盖上表面皿。置于电热板或沙浴上加热消化。如未消化好而酸液过少时，再补加几毫升混合酸消化液，继续加热消化，直至无色透明为止。加几毫升水，加热除去多余的硝酸。待烧杯中的液体接近 2～3 mL 时，取下冷却。用去离子水洗涤并转移至 10 mL 刻度试管中，加去离子水定容至刻度（测钙时用 2%氧化镧溶液稀释定容）。

2. 测定：取与消化样品相同量的混合酸消化液，按上述操作做空白试验测定。

（1）吸取 0.5 mL 钙标准溶液，加 0.1 mL 柠檬酸溶液，用移液管加 1.5 mL 1.25 mol/L 氢氧化钾溶液，加 3 滴钙红指示剂。立即以稀释 10 倍的 EDTA 滴定，标定其 EDTA 的浓度，根据滴定结果计算出每毫升 EDTA 相当于钙的毫克数，即滴定度（T）。

（2）吸取 0.1～0.5 mL（根据钙的含量而定）样品消化液及空白于试管中，加 1 滴氰化钠溶液和 0.1 mL 柠檬酸钠溶液，用滴定管加 1.5 mL 1.25 mol/L 氢氧化钾溶液，加 3 滴钙红指示剂，立即以稀释 10 倍的 EDTA 溶液滴定，至指示剂由紫红色变蓝为止。

五、结果计算

$$X = \frac{T \times (V - V_0) \times f \times 100}{m}$$

式中：X——试样中钙含量，mg/100g；

T——EDTA 滴定度，mg/mL；

V——滴定试样时所用 EDTA 量，mL；

V_0——滴定空白时所用 EDTA 量，mL；

f——试样稀释倍数；

m——试样质量，g。

思考题

1. 动植物性食品中的矿物质有哪些？

2. 矿物质测定的基本原理是什么？

3. EDTA 络合滴定法的原理是什么？

4. 比色法的原理是什么？

项目八　维生素的测定

学习目标

一、知识目标

1. 熟悉国家标准检测方法及相关文献的检索知识。
2. 了解维生素的分类及特点。
3. 掌握熟悉各种维生素测定方法的原理及应用。

二、能力目标

1. 能利用苯肼法测定果蔬中的维生素 C。
2. 熟悉维生素 A 提取的操作方法。

项目相关知识

一、概述

维生素是促进人体生长发育和调节生理功能所必需的一类低分子有机化合物。维生素的种类很多,化学结构各不相同,在体内的含量极微,但它们在体内调节物质代谢和能量代谢中起着十分重要的作用。各种维生素均为有机化合物,都是以本体(维生素本身)的形式或可被机体利用的前体(维生素原)的形式存在于天然食品中,其在人体内不能合成或合成量不足,也不能大量储存于机体的组织中,虽然需要量很小,但必须由食物供给。人体一般仅需少量维生素就能满足正常的生理需要,若供给不足就要影响相应的生理功能,严重时会产生维生素缺乏病。

各种维生素的化学结构差别很大。科学家们发现维生素的生理作用与它们的溶解度有很大关系,所以其按溶解性的不同有脂溶性和水溶性维生素之分。脂溶性维生素包括维生素 A、维生素 D、维生素 E、维生素 K。在食物中它们常与脂类共存,在酸败的脂肪中容易被破坏。水溶性维生素包括 B 族维生素(维

生素 B_1、维生素 B_2、烟酸、叶酸、维生素 B_6、维生素 B_{12}、泛酸、生物素等)和维生素 C。水溶性维生素易溶于水而不溶于脂肪及有机溶剂中,对酸稳定,易被碱破坏。

　　食品和其他生物样品中的维生素分析方法,在测定动物和人体的营养需要量方面发挥了关键的作用。科学家需要根据准确的食品成分信息来计算营养素的膳食摄入量,以在全世界范围内改善人类营养;从消费和工业生产角度出发,也需要可靠的分析方法来确保食品标签的准确性。

二、维生素的测定方法

　　维生素的测定方法主要有化学法、仪器法。仪器分析法中紫外、荧光法是多种维生素的标准分析方法。它们灵敏、快速,有较好的选择性。另外各种色谱法以其独特的高分离效能,在维生素分析方面占有越来越重要的地位。化学法中的比色法、滴定法,具有简便、快速、不需特殊仪器等优点,而被广大基层实验室所普遍采用。

三、脂溶性维生素的测定

　　1. 维生素 A 的测定

　　维生素 A 是不饱和的一元多烯醇。在自然界有维生素 A_1 和维生素 A_2 两种。A_1 存在于哺乳动物及咸水鱼的肝脏中,即视黄醇。A_2 存在于淡水鱼的肝脏中,是 3 -脱氢视黄醇,其活性大约只有 A_1 的一半。视黄醇的分子式为 $C_{20}H_{30}O$,相对分子质量为 286,结构式如下:

维生素A_1(视黄醇)　　　　　　维生素A_2(3-脱氢视黄醇)

　　维生素 A_1 还有许多种衍生物,包括视黄醛(维生素 A_1 末端的—CH_2OH 氧化成—CHO)、视黄酸(— CHO 进一步被氧化成 COOH)、3 -脱氢视黄醛、3 -脱氢视黄酸及其他各类异构体,它们也都具有维生素 A 的作用,总称为类视黄素。

　　维生素 A 的测定方法有三氯化锑比色法、紫外分光光度法、荧光法、气相色谱法和高效液相色谱法等,其中比色法应用最为广泛,这里主要介绍三氯化锑比色法。

维生素 A 在三氯甲烷中与三氯化锑相互作用,产生蓝色物质,其颜色深浅与溶液中所含维生素 A 的含量成正比。该蓝色物质虽不稳定,但在一定时间内可用分光光度计于 620 nm 波长处测定其吸光度。

根据样品性质,可采用皂化法或研磨法对样品进行处理。

(1) 皂化法适用于维生素 A 含量不高的样品,将样品加入氢氧化钾溶液,在电热板上加热回流直至皂化完全,用无水乙醚反复提取皂化液中的维生素 A,回收乙醚后用三氯甲烷溶解维生素 A。此方法可减少脂溶性物质的干扰,但全部试验过程费时,且易导致维生素 A 损失。

(2) 研磨法适用于每克样品维生素 A 含量大于 5.0 μg 的测定,将样品用无水硫酸钠吸干水分并均质化,再用乙醚提取,同样回收乙醚后用三氯甲烷溶解维生素 A。此方法常用于动物肝中维生素 A 的检测,步骤简单,省时,结果准确。

样品中维生素 A 含量根据下列公式计算:

$$X = \frac{\rho}{m} \times V \times \frac{100}{1\,000}$$

式中:X——样品中维生素 A 的含量,μg/100 g(或国际单位,每国际单位 = 0.3 μg 维生素 A);

ρ——由标准曲线上查得样品中含维生素 A 的含量,μg/mL;

m——样品的质量,g;

V——提取后加三氯甲烷定量之体积,mL;

$\frac{100}{1\,000}$——将样品中维生素 A 由 μg/g 折算成 mg/100 g。

说明及注意事项如下:

① 三氯化锑比色法为国家标准方法,适用于食品中维生素 A 的测定。

② 以乙醚为溶剂的萃取体系,易发生乳化现象。在提取前,洗涤操作中,不要用力过猛,若发生乳化,可加几滴乙醇消除乳化。

③ 所用氯仿中不应含有水分。原因是三氯化锑遇水会出现沉淀,干扰比色测定。故在每 1 mL 氯仿中应加入乙酸酐 1 滴,以保证脱水。

④ 由于三氯化锑与维生素 A 所产生的蓝色物质很不稳定,通常 6 s 以后便开始褪色,因此,要求反应在比色杯中进行,产生蓝色后立即读取吸光值。

⑤ 如果样品中含 β-胡萝卜素(如奶粉、禽蛋等食品)干扰测定,可将浓缩蒸干的样品用正己烷溶解,以氧化铝为吸附剂,丙酮己烷混合液为洗脱剂进行柱层析。

⑥ 三氯化锑腐蚀性强,不能洒在皮肤上,且三氯化锑遇水生成白色沉淀,因

此,用过的仪器要先用稀盐酸浸泡后再清洗。

2. 维生素D的测定

维生素D为一组存在于动植物组织中的类固醇的衍生物,因其有抗佝偻病作用,也称之为抗佝偻病维生素。目前已知的维生素D至少有10种,但最重要的是维生素D_2和维生素D_3。维生素D_2又名麦角钙化醇,分子式为$C_{28}H_{44}O$,相对分子质量为396.66;维生素D_3又名胆钙化醇,分子式为$C_{27}H_{44}O$,相对分子质量为384.65。维生素D_2和维生素D_3结构式如下:

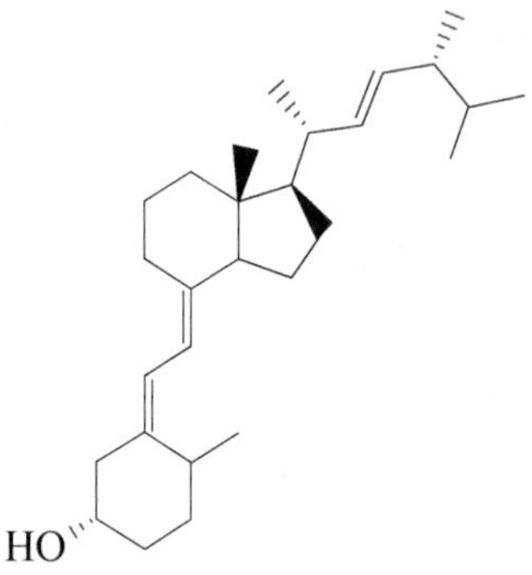

维生素D_2(麦角钙化醇) 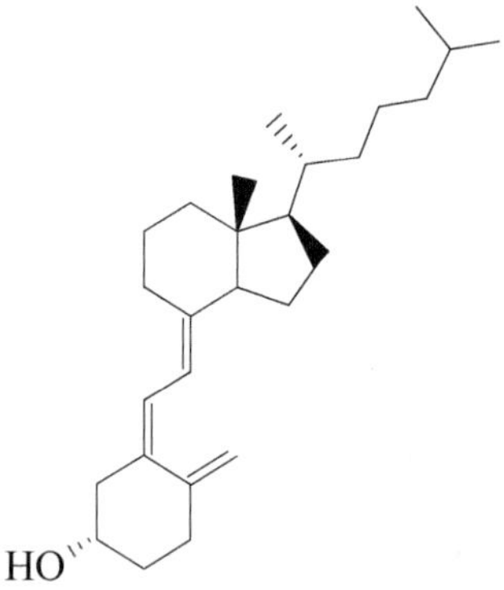   维生素D_3(胆钙化醇)

植物性食品中维生素D的含量很少,主要存在于动物性食品中。维生素D的含量一般用国际单位(IU)表示,1国际单位的维生素D相当0.025 μg的维生素D。几种富含维生素D的食品中维生素D的含量(IU/100 g)如下:奶油50、蛋黄150~400、鱼40~150、肝10~70、鱼肝油800~30 000。

维生素D的测定方法有比色法、紫外分光光度法、气相色谱法、液相色谱法及薄层层析法等。其中比色法灵敏度较高,但操作十分复杂、费时。气相色谱法虽然操作简单,精密度也高,但灵敏度低,不能用于含微量维生素D的样品。液相色谱法的灵敏度比比色法高20倍以上,且操作简便、精度高、分析速度快,是目前测定维生素D的最好方法。下面介绍固相萃取-高效液相色谱法测定维生素D含量的方法。

(1)原理

样品中的维生素D以柠檬酸-二甲基亚砜(20∶80)的混合溶液为破壁溶液,用Chromabond XTR固相萃取柱对样品进行提取和净化,经高效液相色谱进行测定。

（2）色谱条件

色谱柱：Shiseido Superiorex ODS(4.6 mm×250 mm)。

流动相：甲醇-水(96∶4)。

流速：1.0 mL/min。

检测波长：265 nm。

柱温：40 ℃。

进样量：20 μL。

（3）分析步骤

用高速样品粉碎机将样品粉碎完全,混合均匀。准确称取 3.0 g 于小锥形瓶中,准确加入质量浓度为 100 μg/mL 的维生素 D_2 内标溶液 0.2 mL(相当于 20 μg),加入 10 mL 破壁液,振摇 10 min 后,加入 20.0 mL 正己烷,继续振摇 45 min,将正己烷层小心转移至离心管中,3 000 r/min 离心 3 min,取上清液。向沉淀中加入 20.0 mL 正己烷,再次提取、离心,合并上清液,混合均匀后,将上清液移至 Chromabond XTR 固相萃取柱上,反应 15 min,用 100 mL 正己烷洗脱。将洗脱液旋转蒸发近干,以氮气吹干至全干,再以 0.5 mL 甲醇溶解,取 20 μL 该样品溶液进行液相色谱测定。

（4）说明及注意事项

① 高效液相色谱法是目前分析维生素 D 最好的方法,灵敏度较比色法高 20 倍以上,且操作简单,精度高,分析速度快,本法检出限为 0.03 μg/g,要求同一样品的两次测定值之差不得超过两次平均值的 10%。

② 本法适用于食品 AD 强化食品及饲料中维生素 D 含量的测定,能够将维生素 D_2 和维生素 D_3 分开。

3. 维生素 E 的测定

维生素 E 又名生育酚,属于脂溶性维生素,是一组具有 α-生育酚活性的化合物。食物中存在着 α、β、γ、δ 四种不同化学结构的生育酚和四种生育三烯酚,各种食物中它们的含量有很大差别,生理活性也不相同,其中以 α-生育酚的活性最强,含量最多(约 90%)其结构式如下：

维生素 E 广泛分布于动、植物食品中,含量较多的为麦胚油、棉籽油、玉米油、花生油、芝麻油、大豆油等植物油料,此外肉、鱼、禽、蛋、乳、豆类、水果以及绿色蔬菜中也都含有维生素 E。膳食中维生素 E 的活性以 α-生育酚当量(α-TEs,mg)来表示,规定 1 mg α-TE 相当于 1 mg α-生育酚的活性。1 个国际单位(IU)维生素 E 的定义是 1 mg α-生育酚乙酸酯的活性,1 mg α-生育酚=1.49 IU 维生素 E。

维生素 E 的测定方法有:比色法、荧光法、气相色谱法、高效液相色谱法等。比色法操作简单,灵敏度较高,但对维生素 E 没有特异的反应,需要采取一些方法消除干扰;荧光法特异性强、干扰少、灵敏、快速、简便;高效液相色谱法具有简便、分辨率高等优点,可在短时间完成同系物的分离定量,是目前测定维生素 E 最好的分析方法。这里主要介绍荧光法。

样品经皂化提取、浓缩蒸干后,用正己烷溶解不皂化物,在 295 nm 激发波长,324 nm 发射波长下测定其荧光强度,并与标准维生素 E 作比较,即可计算出样品中维生素 E 的含量。

样品中维生素 E 含量根据下列公式计算:

$$X=\frac{U \times c \times V}{S \times m} \times \frac{100}{1\ 000}$$

式中:X——样品中 α-维生素 E 的含量,mg/100 g;

  U——样品溶液的荧光强度;

  c——标准使用液的浓度,μg/mL;

  V——样品稀释体积,mL;

  S——标准使用液的荧光强度;

  m——样品的质量,g。

说明及注意事项如下:

① 对于 α-维生素 E 含量高的样品,此方法灵敏度较比色法高得多;对于植物性样品,一般 α-维生素 E 含量不多,而其他异构体含量较多。每一种同系物的激发波长和发射波长的荧光强度不尽相同,因此测定值多数不能代表真实值,测定误差较大。特别是当含有大量 δ 维生素 E 时,测定值比真实值高得多,因为 δ 体的荧光强度比 α 体强 70%。

② 荧光法测定的样品为花生油,如测其他食品,需先抽提脂肪。经抽提脂肪后的样品发射波长改为 330 nm。

4. 胡萝卜素的测定

胡萝卜素广泛存在于有色蔬菜和水果中,它有多种异构体和衍生物包括:α-胡萝卜素、β-胡萝卜素、γ-胡萝卜素、玉米黄素、番茄红素。其中 α-胡萝卜素、β-胡萝卜素、γ-胡萝卜素、玉米黄素在分子结构中含有 β-紫罗宁残基,在人体内可转变为维生素 A,故称为维生素 A 原。其中以 β-胡萝卜素效价最高,每 1 mg β-胡萝卜素约相当于 167 μg(或 560 IU)维生素 A。β-胡萝卜素的结构式如下:

胡萝卜素对热及酸、碱比较稳定,但紫外线和空气中的氧可促进其分解。其属于脂溶性维生素,故可用有机溶剂从食物中提取。

胡萝卜素本身是一种色素,在 450 nm 波长处有最大吸收,故只要能完全分离便可对其进行定性和定量测定。但在植物体内,胡萝卜素经常与叶绿素、叶黄素等共存,在提取 β-胡萝卜素时,这些色素也能被有机溶剂提取,因此在测定前,必须将胡萝卜素与其他色素分开。常用的方法有高效液相色谱法、纸层析法、柱层析法和薄层层析法。这里主要介绍纸层析法。

试样经过皂化后,用石油醚提取食品中的胡萝卜素及其他植物色素,以石油醚为展开剂进行纸层析,胡萝卜素极性最小、移动速度最快,从而与其他色素分离。剪下含胡萝卜素的区带,洗脱后于 450 nm 波长下定量测定。

样品中胡萝卜素含量根据下列公式计算:

$$X=\frac{m_1}{m}\times\frac{V_2}{V_1}\times100$$

式中:X——样品中胡萝卜素的含量,以 β-胡萝卜素计,μg/100 g;

　　　m_1——在标准曲线上查得的胡萝卜素的含量,μg;

　　　V_1——点样体积,mL;

　　　V_2——样品提取液浓缩后定容体积,mL;

　　　m——样品的质量,g。

说明及注意事项如下:

① 纸层析法简便,色带清晰,最小检出量为 0.11 μg。

② 样品和标准液的提取一定要注意避免丢失。

③ 浓缩提取液时一定要防止蒸干,避免胡萝卜素在空气中氧化或因高温、紫外线直射等分解。

④ 定容、点样、层析后剪样点等操作环节一定要迅速。

四、水溶性维生素的测定

1. 维生素 B₁ 的测定

维生素 B_1 因其分子中含有硫和胺,又称硫胺素;因其发现还与预防和治疗脚气病有关,故又称为抗脚气病维生素、抗神经炎维生素。它是维生素中最早被发现的一种,由 1 个嘧啶环和 1 个噻唑环通过亚甲基连接形成。维生素 B_1 为白色结晶,易溶于水,在干燥和酸性溶液中稳定,在碱性环境,尤其在长时间煮烧时维生素 B_1 则会分解破坏。还原性物质亚硫酸盐、二氧化硫等能使维生素 B_1 失活。当使用亚硫酸盐作防腐剂或用二氧化硫熏蒸谷仓时,维生素 B_1 被分解破坏。

食物中维生素 B_1 的定量分析,可利用游离型维生素 B_1 与多种重氮盐偶合呈各种不同颜色,进行分光光度测定;也有将游离型维生素 B_1 氧化成硫色素,测定其荧光强度;还有利用带荧光检测器的高效液相色谱法测定。分光光度法适用于测定维生素 B_1 含量较高的食物,如大米、大豆、酵母、强化食品等;荧光法和高效液相色谱法适用于微量测定。这里主要介绍荧光法。

样品经热稀酸处理,以提取维生素 B_1,用盐基交换管净化提取液,再将净化液在碱性铁氰化钾溶液中进行氧化,维生素 B_1 被氧化成噻嘧色素(硫色素),在紫外线照射下,噻嘧色素发出荧光。在给定的条件下,以及没有其他荧光物质干扰时,此荧光之强度与噻嘧色素量成正比,即与溶液中维生素 B_1 量成正比,反应式如下:

硫胺素   **硫色素**

样品中维生素 B_1 含量根据下列公式计算:

$$X = (U - U_b) \times \frac{\rho \times V}{S - S_b} \times \frac{V_1}{V_2} \times \frac{1}{m} \times \frac{100}{1\,000}$$

式中:X——样品中维生素 B_1 含量,mg/100 g;

    U——样品荧光强度;

    U_b——样品空白荧光强度;

    S——标准荧光强度;

    S_b——标准空白荧光强度;

ρ——维生素 B_1 标准使用液浓度，$\mu g/mL$；

V——用于净化的维生素 B_1 标准使用液体积，mL；

V_1——样品水解后定容之体积，mL；

V_2——样品用于净化的提取液体积，mL；

m——样品的质量，g；

$\dfrac{100}{1\,000}$——样品含量由 $\mu g/g$ 换算成 $mg/100\ g$ 的系数。

说明及注意事项如下：

① 一般食品中维生素 B_1 有游离型的，也有结合型，即与淀粉、蛋白质等结合在一起的，故需用酸和酶水解，使结合型 B_1 成为游离型，再采用此法测定。

② 硫色素能溶解于正丁醇，在正丁醇中比在水中稳定，故用正丁醇可提取硫色素。萃取时振摇不宜过猛，以免乳化，不易分层。

③ 紫外线会破坏硫色素，所以硫色素形成后要迅速测定，并力求避光操作。

④ 用甘油-淀粉润滑剂代替凡士林涂盐基交换管下活塞，因凡士林具有荧光。

⑤ 谷类物质不需酶分解，样品粉碎后用 25％酸性氯化钾直接提取，氧化测定。

2. 维生素 B_2 的测定

维生素 B_2 又名核黄素，由异咯嗪加核糖醇侧链组成，并有许多同系物。在自然界中主要以磷酸酯的形式存在于黄素单核苷酸（FMN）和黄素腺嘌呤二核苷酸（FAD）两种辅酶中。纯净的维生素 B_2 为橘黄色晶体，味苦，微溶于水。在中性和酸性溶液中稳定，但在碱性环境中受热易分解。游离的维生素 B_2 对光敏感，特别是在紫外线照射下可发生不可逆的降解而失去生物活性。食物中的维生素 B_2 一般为与磷酸和蛋白质结合的复合化合物，对光比较稳定。

维生素 B_2 广泛存在于动植物食物中，但由于来源和收获、加工储存方法的不同，不同食物中维生素 B_2 的含量差异较大。乳类、蛋类、各种肉类、动物内脏中维生素 B_2 的含量丰富；绿色蔬菜、豆类中含量中等；粮谷类的维生素 B_2 主要分布在谷皮和胚芽中，碾磨加工会损失一部分维生素 B_2，故植物性食物中维生素 B_2 的量一般都不高。

测定维生素 B_2 的方法有荧光法、分光光度法、高效液相色谱法、微生物法等。其中荧光法操作简单、灵敏度高，是应用最普遍的方法。这里介绍硅镁吸附剂净化荧光法。

维生素 B_2 在 $440\sim500\ nm$ 波长光照射下发出黄绿色荧光。在稀溶液中其

荧光强度与维生素 B_2 的浓度成正比。样品用酸和酶水解后,用高锰酸钾氧化去杂,利用硅镁吸附剂对维生素 B_2 的吸附作用除去样品中的干扰荧光测定的杂质,然后洗脱维生素 B_2,测定其荧光强度。试液再加入低亚硫酸钠($Na_2S_2O_4$),将维生素 B_2 还原为无荧光物质,再测定试液中残余杂质的荧光强度,两者之差即为食品中维生素 B_2 所产生的荧光强度。

维生素B_2 无色维生素B_2

样品中维生素 B_2 含量根据下列公式计算:

$$X = (U - U_b) \times \frac{\rho \times V}{S - S_b} \times \frac{V_2}{V_1} \times \frac{1}{m} \times \frac{100}{1\,000}$$

式中:X——样品中维生素 B_2 含量,mg/100 g;

    U——样品荧光强度;

    U_b——样品空白荧光强度;

    S——标准荧光强度;

    S_b——标准空白荧光强度;

    ρ——维生素 B_2 标准使用液浓度,$\mu g/mL$;

    V——用于氧化去杂质操作的维生素 B_2 标准使用液体积,mL;

    V_1——用于氧化去杂质操作的试样提取液体积,mL;

    V_2——样品水解酶解后定容总体积,mL;

    m——样品的质量,g;

    $\frac{100}{1\,000}$——样品含量由 $\mu g/g$ 换算成 mg/100 g 的系数。

说明及注意事项如下:

① 本法适用于粮食、蔬菜、调料、饮料等脂肪含量少的样品,脂肪含量过高及含有较多不易除去色素的样品不适用。

② 维生素 B_2 对光敏感,整个操作应尽可能在暗室中进行。

③ 氧化去杂质,加入高锰酸钾的量不宜过多,以避免加入双氧水的量大,产

生气泡,影响维生素 B_2 的吸附及洗脱。

④ 维生素 B_2 可被低亚硫酸钠还原成无荧光型;但摇动后很快就被空气氧化成有荧光物质,所以要立即测定。

3. 维生素 B_6 的测定

维生素 B_6 实际上包括吡哆醇(PN)、吡哆醛(PL)、吡哆胺(PM)三种衍生物,三种衍生物可通过酶互相转换。最常见的市售维生素 B_6 是盐酸吡哆醇。维生素 B_6 参与 100 余种酶反应,在氨基酸代谢、糖异生作用、脂肪酸代谢和神经递质合成中起重要作用,还与机体免疫功能有关。吡哆醛、吡哆醇和吡哆胺性质相似,它们易溶于水和乙醇,在酸性溶液中稳定,在碱性溶液中易被分解破坏,对光敏感,所以进行实验时需要避光。三者结构式如下:

吡多醇   吡多醛   吡多胺

维生素 B_6 广泛存在于各种动植物食品中,但一般含量不高。酵母及鸡肉、鱼肉等白色肉类含量最高,小麦、玉米、豆类、葵花子、核桃、水果、蔬菜及蛋黄、肉类、动物肝脏等含量也较多。

测定维生素 B_6 的方法有微生物法、荧光法和高效液相色谱法等。其中,微生物法是经典法,它的优点是:特异性高、精密度好、准确度高、操作简便、样品不需要提纯。其缺点是:耗时长、必须经常保存菌种、试剂较贵。荧光法样品需经提纯,操作复杂。高效液相色谱法是目前最先进简便的方法。GB/T5009.154—2003 采用的是微生物法,故这里只介绍微生物法。

微生物的生长与它们对某些特定的维生素的需求有关,因此在微生物分析法中,将某些微生物在含维生素的样品抽提液中的生长速率,与在含已知量维生素对照溶液中的生长速率进行对比,从而得出样品中该维生素的含量。受试微生物可用细菌、酵母等,生长速率可通过测定浊度、产酸量、质量变化或呼吸作用得到,其中,浊度分析(或光密度)是最常用的方法。维生素 B_6 的含量在 2 ng/mL 以内,其浓度对卡尔斯伯酵母菌的生长速率有良好的线性关系,可用微生物定量。

(1) 菌种的制备与保存:以卡尔斯伯酵母菌(Saccharomyces Carlsbergernsis ATCC No. 9080 简称 SC)纯菌种接入 2 个或多个琼脂培养基管中,在(30±0.5)℃恒温箱中恒温 18～20 h,取出置于冰箱中保存,保存期不超过两星期。保存数星期以上的菌种,不能立即用作制备接种液用,一定要在使用前每天移种 1 次,连续 2～3 天,方可使用,否则生长不好。

(2) 种子培养液的制备:加 0.5 mL 50 ng/mL 的维生素 B_6 标准应用液于尖头管中,加入 5 mL 基本培养基,塞好棉塞,于高压锅 121 ℃下消毒 10 min,取出,置于冰箱中,此管可保存数星期之久,每次可制备 2～4 管。

(3) 样品制备:取样 0.5～10.0 g(维生素 B_6 含量不超过 10 ng)放入 100 mL 锥形瓶中,加 0.22 mol/L H_2SO_4 72 mL,放入高压锅 121 ℃下水解 5 h,取出,于水中冷却,用 10 mol/L NaOH 和 0.5 mol/L H_2SO_4 调 pH 至 4.5,用溴甲酚绿做指示剂(指示剂由黄色变成黄绿色)。将锥形瓶内的溶液转移到 100 mL 容量瓶中,定容至 100 mL,滤纸过滤,保存滤液于冰箱内备测(保存期不超过 36 h),此为样液。

(4) 接种液的制备:使用前一天,将卡尔斯伯酵母菌种由储备菌种管移种于已消毒的种子培养液中,可同时制备两根管,在(30±0.5)℃的恒温箱中培养 18～20 h。取出离心 10 min(3000 r/min),倾去上部液体,用已消毒的生理盐水淋洗 2 次,再加 10 mL 消毒过的生理盐水,将离心管置于液体快速混合器上混合,使菌种成为混悬体,将此液倒入已消毒的注射器内,立即使用。

每个试样各测定管的吡哆醇含量为 ρ_1、ρ_2、ρ_3;取液量分别为 V_1、V_2、V_3,各样管的吡哆醇含量 ρ 为:

$$\rho = \frac{\left(\dfrac{\rho_1}{V_1} + \dfrac{\rho_2}{V_2} + \dfrac{\rho_3}{V_3}\right)}{3}(\text{ng/mL})$$

样品重为 $m(g)$,取液量为 $V(mL)$,定容至 100 mL,则样品的吡哆醇含量为:

$$\omega = \frac{\rho \times V \times 10^2}{m \times 10^6} = \frac{\rho \times V}{m \times 10^4}(\text{mg/100 g})$$

说明及注意事项如下:

① 所有步骤需要避光处理。

② 试管应先用洗衣粉清洗后,用水冲净,再放入酸缸中浸泡 1 d 左右,捞出后再用自来水和蒸馏水清洗干净,晾干,方可再用。

4. 维生素 C 的测定

维生素 C,又称抗坏血酸、抗坏血病维生素,为水溶性的维生素。它是一种不饱和的多羟基化合物,以内酯形式存在,在 2 位与 3 位碳原子之间烯醇羟基上的氢可游离 H^+,所以具有酸性。自然界存在还原型和氧化型两种抗坏血酸,都可被人体利用。它们可以互相转变,但当氧化型(DHVC)一旦生成二酮基古洛糖酸或其他氧化产物,则活性丧失。

维生素 C 主要食物来源为新鲜蔬菜与水果,如西兰花、菜花、塌棵菜、菠菜、柿子椒等深色蔬菜和花菜,以及柑橘、红果、柚子等水果含维生素 C 量均较高;野生的苋菜、苜蓿、刺梨、沙棘、猕猴桃、酸枣等含量尤其丰富。维生素 C 难溶于脂肪,易溶于水,其水溶液具有酸性,对酸稳定,遇碱或遇热极易破坏,具有较强的还原性,易氧化,铜盐可促进其氧化。

测定维生素 C 的方法有 2,6 -二氯靛酚滴定法、2,4 -二硝基苯肼比色法、荧光法、高效液相色谱法等。

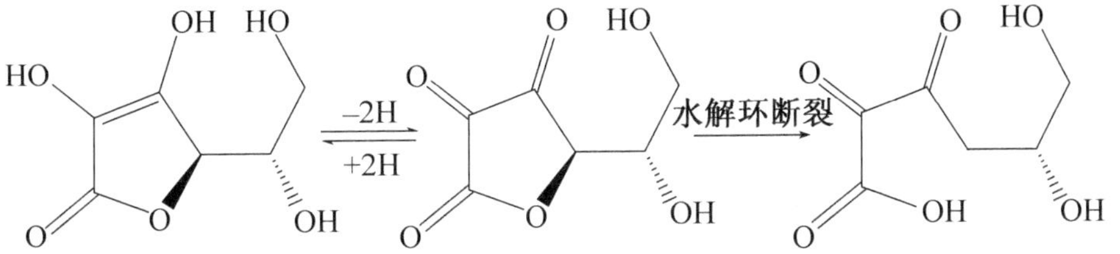

L-抗坏血酸　　　　　　脱氢抗坏血酸　　　　　2,3-二酮-1-古洛糖酸

(1) 2,6 -二氯靛酚滴定法

具有烯醇式分子结构的抗坏血酸分子具有还原性,在中性或弱酸性条件下能定量还原 2,6 -二氯靛酚染料为无色。此染料在中性或碱性溶液中呈蓝色,在酸性溶液中呈红色。终点时,稍过量的 2,6 -二氯靛酚使溶液呈现微红色。根据染料消耗量即可计算出样品中还原型抗坏血酸的含量。

样品中维生素 C 含量根据下列公式计算:

$$X = \frac{T \times (V - V_0)}{m} \times 100$$

式中:X——样品中维生素 C 含量,mg/100 g;

　　　T——1 mL 染料溶液(2,6 -二氯靛酚溶液)相当于维生素 C 的质量,mg;

　　　V——滴定样液时消耗染料溶液的体积,mL;

　　　V_0——滴定空白时消耗染料溶液的体积,mL;

　　　m——滴定时所取的滤液中含的样品量,g。

说明及注意事项如下:

① 2,6 -二氯靛酚滴定法测定的结果为食品中的还原型 L -抗坏血酸含量,而非维生素 C 总量。此法是测定还原型 L -抗坏血酸最简便的方法,适合于大多数果蔬,但对红色果蔬不太适宜。

② 维生素 C 在酸性条件下较稳定,故样品处理或浸提都应在弱酸性环境中

进行。浸提剂以偏磷酸(HPO_3)稳定维生素 C 效果最好,但价格较贵。一般可采用 2%草酸代替偏磷酸,价廉且效果也较好。

③ 测定维生素 C 时,应尽可能分析新鲜样品,在不发生水分及其他成分损失的前提下,样品尽量捣碎,研磨成浆状。需特别注意的是:研磨时加入与样品等量的酸提取剂以稳定维生素 C。

④ 所有试剂应用新鲜蒸馏水配制。

⑤ 测定过程中应避免溶液接触金属、金属离子。

⑥ 样品匀浆在 100 mL 容量瓶中,可能出现泡沫,可加入戊醇 2~3 滴消除之。同时作空白实验,消除系统误差。

⑦ 整个操作过程应迅速,滴定开始时,染料溶液应迅速加入直至红色不立即消失,然后尽可能一滴一滴地加入,并不断摇动三角瓶,至粉红色 15 s 内不消失为止。样品中某些杂质还可以还原染料,但速度较慢,故滴定终点以出现粉红色 15 s 不褪色为终点。

(2) 2,4 -二硝基苯肼法

总抗坏血酸包括还原型、脱氢型和二酮基古洛糖酸。样品中还原型抗坏血酸经活性炭氧化为脱氢抗坏血酸,再与 2,4 -二硝基苯肼作用生成红色的脎,根据脎在硫酸溶液中的含量与总抗坏血酸含量成正比,进行比色定量。

样品中抗坏血酸含量根据下列公式计算:

$$X = \frac{\rho \times V}{m} \times f \times \frac{100}{1\,000}$$

式中:X——样品中抗坏血酸含量,mg/100 g;

ρ——由标准曲线得样品氧化液中总抗坏血酸的浓度,$\mu g/mL$;

V——试样用 1%草酸溶液定容的体积,mL;

f——样品氧化处理过程中的稀释倍数;

m——样品的质量,g。

说明及注意事项如下:

① 苯肼比色法容易受共存物质的影响,特别是谷物及其加工食品,必要时可用层析法纯化。

② 实验过程应避光操作。

③ 硫脲可保护抗坏血酸不被氧化,且可帮助脎的形成。最终溶液中硫脲的浓度应一致,否则影响色度。

④ 试管从冰水中取出后,样品中因糖类的存在会造成颜色逐渐加深,故必须计时,30 min 后准时比色。

（3）荧光法

样品中还原型抗坏血酸经活性炭氧化为脱氢抗坏血酸后，与邻苯二胺（OPDA）反应生成有荧光的喹喔啉。其荧光强度与抗坏血酸的浓度在一定条件下成正比，以此测定食品中抗坏血酸和脱氢抗坏血酸的总量。

脱氢抗坏血酸与硼酸可形成复合物而不与 OPDA 反应，以此排除样品中荧光杂质产生的干扰。

样品中抗坏血酸及脱氢抗坏血酸总含量根据下列公式计算：

$$X = \frac{\rho \times V}{m} \times f \times \frac{100}{1\ 000}$$

式中：X——样品中抗坏血酸及脱氢抗坏血酸总含量，mg/100 g；

ρ——由标准曲线查得或由回归方程算得的样品溶液浓度，μg/mL；

V——荧光反应所用试样体积，mL；

f——样品溶液的稀释倍数；

m——样品的质量，g。

说明及注意事项如下：

① 实验全部过程应避光。

② 活性炭用量应准确，其氧化机理是基于表面吸附的氧进行界面反应，加入量不足，氧化不充分；加入量过高，对抗坏血酸有吸附作用。实验证明，2 g 用量时，吸附影响不明显。

③ 邻苯二胺溶液在空气中颜色会逐渐变深，影响显色，故应临用现配。

项目实施

任务1　2,4-二硝基苯肼法测定水果中维生素 C 含量

一、目的

1. 掌握苯肼法测定维生素 C 的原理。

2. 掌握苯肼法测定维生素 C 操作步骤。

二、原理

用酸处理过的活性炭把还原型的抗坏血酸氧化为脱氢型抗坏血酸，然后与2,4-二硝基苯肼作用生成红色的脎。脎在浓硫酸的脱水作用下，可转变为橘红

色的无水化合物——双-2,4-二硝基苯,在硫酸溶液中显色稳定,最大吸收波长为 520 nm,吸光度与总抗坏血酸含量成正比,故可进行比色测定。

三、仪器与试剂

1. 仪器

组织捣碎机、恒温水浴箱、分光光度计、天平、容量瓶(100 mL、500 mL)、试管、移液管(1 mL、10 mL)、量筒(100 mL)、漏斗。

2. 试剂

(1) 2‰草酸溶液:溶解 20 g 草酸结晶于 200 mL 水中,然后稀释至 1 000 mL。

1‰草酸溶液:取上述 2‰草酸溶液 500 mL,用水稀释至 1 000 mL。

(2) 活性炭:将 100 mg 活性炭加到 750 mL,1 mol/L 盐酸中,加热回流 1~2 h,过滤,用水洗涤数次,直至滤液中无铁离子(Fe^{3+}),然后置于 110 ℃烘箱中烘干。

检验铁离子方法:可利用普鲁士蓝反应即将 2‰亚铁氰化钾与 1‰盐酸等量混合后,滴入上述洗出滤液,如有铁离子则产生蓝色沉淀。

(3) 2‰ 2,4-二硝基苯肼溶液:取 2 g 2,4-二硝基苯肼溶液溶解于 100 mL 4.5 mol/L 硫酸中。

(4) 4.5 mol/L 硫酸溶液:量取浓硫酸 250 mL,慢慢地倒入 700 mL 水中,边加水边搅拌,使溶液总体积为 1 000 mL。

(5) 85‰硫酸溶液:小心地将 900 mL 硫酸(相对密度 1.84)加入 100 mL 水中。

(6) 2‰硫脲溶液:溶解 10 g 硫脲于 500 mL 1‰草酸溶液中。

(7) 1‰硫脲溶液:溶解 5 g 硫脲于 500 mL 1‰草酸溶液中。

(8) 1 mol/L 盐酸溶液:取 100 mL 盐酸,加入水中,用水稀释至 1 200 mL。

(9) 抗坏血酸标准溶液:溶解 100 mg 纯抗坏血酸于 100 mL 1‰草酸中,配成 1 mg/mL 的抗坏血酸标准溶液。

四、实验步骤

1. 样品的处理和分析

称取适量样品 50.0~100.0 g 加等量的 2‰草酸溶液于组织捣碎机中打成匀浆。取匀浆 20 g 用 1‰草酸稀释至 100 mL,摇匀,过滤。

氧化处理:取 25 mL 上述样品滤液,加入 2 g 活性炭,振摇 1 min,过滤,弃去最初数毫升滤液后,收集 10 mL,加 2‰硫脲 10 mL,混匀,得样品氧化液。

显色反应:取三支试管,每支试管各加入上述样品氧化液 4 mL。其中一支试管作空白,另两支试管中各加入 1.0 mL 2% 2,4-二硝基苯肼溶液,将三支试管加盖后放入 37 ℃±0.5 ℃恒温箱或水浴中准确保温 3 h。取出后将试样管放入冰水中。空白管冷到室温,然后加入 2% 2,4-二硝基苯肼溶液,在室温下放置 10~15 min 后也放入冰水中。

硫酸处理:当试管放入冰水中后,向每支试管中滴加 5 mL 85%硫酸溶液。边加边摇动试管,滴加时间至少需要 1 min(防止液温升高而使部分有机物分解着色,影响空白值)。加入硫酸溶液后将试管自冰水中取出,在室温下准确放置 30 min 立即比色。

比色用 1 cm 比色皿,以空白液调零点,于 500 nm 波长下测定吸光度。

2. 标准曲线的绘制

加 2 g 活性炭于 50 mL 标准溶液中,振摇 1 min,过滤。取 10 mL 滤液置于 500 mL 容量瓶中,加 5.0 g 硫脲,用 1%草酸溶液稀释至刻度,抗坏血酸浓度为 20 μg/mL。取此溶液 5、10、20、25、40、50、60 mL 分别放入 7 个 100 mL 容量瓶中,用 10 g/mL 硫脲溶液稀释至刻度,制成抗坏血酸浓度分别为 1、2、4、5、8、10、12 μg/mL 的标准系列。按样品测定步骤进行显色反应,形成脎并比色。以吸光度为纵坐标,抗坏血酸浓度为横坐标绘制标准曲线。

五、结果计算

$$X = \frac{c \cdot V}{m} \times F \times \frac{100}{1\,000}$$

式中:X——样品中总抗坏血酸含量,mg/100 g;

　　　c——由标准曲线查得样品氧化液中总抗坏血酸的浓度,μg/mL;

　　　V——试样用 1%草酸溶液定容的体积,mL;

　　　F——样品氧化过程中的稀释倍数;

　　　m——试样的质量,g。

六、说明

1. 加入 85%硫酸后,将试管从水中取出。溶液的颜色会继续变深所以必须计算好,加入硫酸后于 30 分钟内比色。

2. 硫脲可防止抗坏血酸被氧化,且可帮助脎的形成,最终溶液中硫脲的浓度均需一致,否则影响色度。

任务 2　食品中维生素 A 和维生素 E 的测定——高效液相色谱法

一、目的

1. 掌握食品中维生素 A 和维生素 E 测定的样品处理。
2. 熟悉高效液相色谱法测定维生素 A 和维生素 E 的操作方法。

二、原理

样品中的维生素 A 及维生素 E 经皂化提取处理后,将其从不可皂化部分提取至有机溶剂中。用高效液相色谱法 C_{18} 反相柱将维生素 A 和维生素 E 分离,经紫外检测器检测,并用内标法定量测定。

三、仪器与试剂

1. 试剂

实验用水为蒸馏水,试剂不加说明为分析纯。

(1) 无水乙醚:不含有过氧化物。

过氧化物检查方法:用 5.00 mL 乙醚加 1.00 mL10％碘化钾溶液,振摇 1 min,如有过氧化物则放出游离碘,水层呈黄色或加 4 滴 0.5％淀粉液,水层呈蓝色。该乙醚需处理后使用。

去除过氧化物的方法:重蒸乙醚时,瓶中放入纯铁丝或铁末少许。弃去 10％初馏液和 10％残馏液。

(2) 无水乙醇:不得含有醛类物质。

检查方法:取 2.00 mL 银氨溶液于试管中,加入少量乙醇,摇匀,再加入 10％氢氧化钠溶液,加热,放置冷却后,若有银镜反应则表示乙醇中有醛。

脱醛方法:取 2 g 硝酸银溶于少量水中。取 4 g 氢氧化钠溶于温乙醇中。将两者倾入 1.00L 乙醇中,振摇后,放置暗处两天(不时摇动,促进反应),经过滤,置蒸馏瓶中蒸馏,弃去初蒸出的 50 mL 蒸馏液。当乙醇中含醛较多时,硝酸银用量适当增加。

(3) 无水硫酸钠。

(4) 甲醇:重蒸后使用。

(5) 重蒸水:水中加少量高锰酸钾,临用前蒸馏。

(6) 抗坏血酸溶液(100 g/L):临用前配制。

(7) 氢氧化钾溶液(1∶1)。

(8) 氢氧化钠溶液(100 g/L)。

(9) 硝酸银溶液(50 g/L)。

(10) 银氨溶液:加氨水至 5%硝酸银溶液中,直至生成的沉淀重新溶解为止,再加 10%氢氧化钠溶液数滴,如发生沉淀,再加氨水直至溶解。

(11) 维生素 A 标准液:视黄醇(纯度 85%)或视黄醇乙酸酯(纯度 90%)经皂化处理后使用。用脱醛乙醇溶解维生素 A 标准品,使其浓度大约为 1 mL 相当于 1 mg 视黄醇。临用前用紫外分光光度法标定其准确浓度。

(12) 维生素 E 标准液:α-生育酚(纯度 95%),γ-生育酚(纯度 95%),δ-生育酚(纯度 95%)。用脱醛乙醇分别溶解以上三种维生素 E 标准品,使其浓度大约为 1 mL 相当于 1 mg。临用前用紫外分光光度法分别标定此三种维生素 E 的准确浓度。

(13) 内标溶液:称取苯并[e]芘(纯度 98%),用脱醛乙醇配制成每 1 mL 相当于 10 μg 苯并[e]芘的内标溶液。

(14) pH1~14 试纸。

2. 仪器和设备

(1) 高压液相色谱仪,带紫外分光检测器。

(2) 旋转蒸发器。

(3) 高速离心机。

(4) 小离心管:具塑料盖 1.5~3.0 mL 塑料离心管(与高速离心机配套)。

(5) 高纯氮气。

(6) 恒温水浴锅。

(7) 紫外分光光度计。

四、实验步骤

1. 样品处理

(1) 皂化

称取 1~10 g 样品(含维生素 A 约 3 μg,维生素 E 各异构体约为 40 μg)于皂化瓶中,加 30.00 mL 无水乙醇,进行搅拌,直到颗粒物分散均匀为止。加 5.00 mL 10%抗坏血酸,苯并[e]芘标准液 2.00 mL,混匀。加 10.00 mL(1:1)氢氧化钾,混匀。于沸水浴上回流 30 min 使皂化完全。皂化后立即放入冰水中冷却。

(2) 提取

将皂化后的样品移入分液漏斗中,用 50.00 mL 水分 2~3 次洗皂化瓶,洗液并入分液漏斗中。用约 100 mL 乙醚分两次洗皂化瓶及其残渣,乙醚液并入分液漏斗中。如有残渣,可将此液通过有少许脱脂棉的漏斗滤入分液漏斗。轻轻振摇分液漏斗 2 min,静置分层,弃去水层。

（3）洗涤

用约 50 mL 水洗分液漏斗中的乙醚层,用 pH 试纸检验直至水层不显碱性（最初水洗轻摇,后可逐次增加振摇强度）。

（4）浓缩

将乙醚提取液经过无水硫酸钠（约 5 g）滤入与旋转蒸发器配套的 250～300 mL 球形蒸发瓶内,用约 10 mL 乙醚冲洗分液漏斗及无水硫酸钠 3 次,并入蒸发瓶内,并将其接至旋转蒸发器上,于 55 ℃ 水浴中减压蒸馏并回收乙醚,待瓶中剩下约 2 mL 乙醚时,取下蒸发瓶,立即用氮气吹掉乙醚。立即加入 2.00 mL 乙醇,充分混合,溶解提取物。

（5）将乙醇液移入一小塑料离心管中,离心 5 min(5 000 rpm)。上清液供色谱分析。如果样品中维生素含量过少,可用氮气将乙醇液吹干后,再用乙醇重新定容。并记下体积比。

2. 标准曲线的制备

（1）维生素 A 和维生素 E 标准浓度的标定方法

取维生素 A 和各维生素 E 标准液若干微升,分别稀释至 3.00 mL 乙醇中,并分别按给定波长测定各维生素的吸光值。用比吸光系数计算出该维生素的浓度。测定条件如下表所示。

标准	加入标准液的量 $V/\mu L$	比吸光系数 $E_{cm}^{1\%}$	波长 λ/nm
视黄醇	10.00	1 835	325
α-生育酚	100.00	71	294
γ-生育酚	100.00	9 208	298
δ-生育酚	100.00	9 102	298

浓度计算：

$$c_1 = \frac{A}{E} \times \frac{1}{100} \times \frac{3.00}{V \times 10^{-3}}$$

式中：c_1——维生素浓度,g/mL；

A——维生素的平均紫外吸光值；

V——加入标准液的量,μL；

E——某种维生素 1% 比吸光系数；

$$\frac{3.00}{V\times 10^{-3}}$$——标准液稀释倍数。

（2）标准曲线的制备

本方法采用内标法定量。把一定量的维生素 A、γ-生育酚、α-生育酚、δ-生育酚及内标苯并[e]芘液混合均匀。选择合适灵敏度,使上述物质的各峰高约为满量程的 70% 为高浓度点。高浓度的 1/2 为低浓度点(其内标苯并[e]芘的浓度值不变),用此两种浓度的混合标准进行色谱分析。维生素标准曲线绘制是以维生素峰面积与内标物峰面积之比为纵坐标,维生素浓度为横坐标绘制,或计算直线回归方程。如有微处理机装置,则按仪器说明用二点内标法进行定量。

本方法不能将 β-E 和 γ-E 分开,故 γ-E 峰中包含有 β-E 峰。

3. 高效液相色谱分析

（1）色谱条件(参考条件)

预柱:ultrasphere ODS 10 μm,4 mm×4.5 cm。

分析柱:ultrasphere ODS 5 μm,4.6 mm×25 cm。

流动相:甲醇：水=98：2,混匀,于临用前脱气。

紫外检测器波长:300 nm,量程:0.02。

进样量:20 μL。

流速:1.7 mL/min。

4. 样品分析

取样品浓缩液 20 μL,待绘制出色谱图及色谱参数后,再进行定性和定量。

（1）定性:用标准物色谱峰的保留时间定性。

（2）定量:根据色谱图求出某种维生素峰面积与内标物峰面积的比值,用此值在标准曲线上查到其含量,或用回归方程求出其含量。

五、结果计算

$$X=\frac{c}{m}\times V\times \frac{100}{1\ 000}$$

式中:X——维生素的含量,mg/100 g;

　　　c——由标准曲线上查到某种维生素含量,μg/mL;

　　　V——试样浓缩定容体积,mL;

　　　m——试样质量,g。

思考题

1. 三氯化锑比色法测定维生素 A 的原理是什么?

2. 三氯化锑比色法测定维生素 D 的原理是什么?

3. 荧光法测定维生素 E 的原理是什么?

4. 纸层析法测定胡萝卜素的原理是什么?

5. 荧光法测定维生素 B_1 的原理是什么?

6. 硅镁吸附剂净化荧光法测定维生素 B_2 的原理是什么?

7. 微生物法测定维生素 B_6 的原理是什么?

8. 2,6-二氯靛酚滴定法测定维生素 C 的原理是什么? 结果是还原态的? 氧化态的? 还是总的抗坏血酸?

9. 2,4-二硝基苯肼法测定维生素 C 的原理是什么?

模块二　食品添加剂的测定

项目一　防腐剂的测定

学习目标

一、知识目标

1. 熟悉国家标准检测方法及相关文献的检索知识。
2. 了解防腐剂的测定方法的分类及特点。
3. 熟悉各种防腐剂测定方法的原理及应用。

二、能力目标

1. 能利用酸碱滴定法测定苯甲酸的操作。
2. 能用分光光度法测定山梨酸及盐类。
3. 能用间接碘量法测定过氧乙酸。

项目相关知识

一、概述

防腐剂是一类重要的食品添加剂,具有杀死微生物或抑制其增殖的作用,可用于防止食品在贮存、流通过程中由于微生物繁殖引起的腐败变质,从而提高产品的保存性、延长食用时间。

我国颁布实施的《食品添加剂使用标准》严格规定了防腐剂的种类、质量标准和添加剂量。标准中公布的防腐剂主要包括:苯甲酸及其钠盐,山梨酸及其钾盐、丙酸钙、丙酸钠、对羟基苯甲酸乙酯、对羟基苯甲酸甲酯钠、脱氢乙酸、乙氧基喹、乳酸链球菌素等。目前,测定防腐剂的方法主要有:气相色谱法、薄层色谱法、高效液相色谱法、毛细管电泳法等,其中,气相色谱法因为具有较高的灵敏度和分离度而成为检测防腐剂最重要的分析手段之一。

二、常见的食品防腐剂的种类

1. 苯甲酸及其盐类

苯甲酸及苯甲酸钠是目前我国使用的主要防腐剂之一。它属于酸性防腐剂,在酸性条件下防腐效果较好,特别适用于偏酸性食品(pH4.5~5)。我国《食品添加剂使用标准》(GB 2760—2014)规定:苯甲酸及苯甲酸钠在碳酸饮料中最大使用量为 0.2 g/kg,低盐酱菜、酱菜、蜜饯、食醋、果酱(不包括罐头)、果汁饮料、塑料装浓缩果蔬汁中最大使用量为 2 g/kg(以苯甲酸汁)。

2. 山梨酸及其盐类

山梨酸又称花楸酸,为无色针状结晶或白色晶体粉末,无臭或微带刺激性臭味,耐光、耐热性好,难溶于水,易溶于乙醇、丙酮、丙二醇等有机溶剂。山梨酸钾为白色至浅黄色鳞片状结晶或晶体粉末,无臭或有微臭味,易溶于水,长期暴露在空气中易吸潮、被氧化分解而变色。山梨酸是一种不饱和脂肪酸,在机体内可正常地参与新陈代谢,因此山梨酸(山梨酸钾)是使用最多的防腐剂。它不仅可与微生物酶系统的巯基相结合以破坏酶的作用,而且还能干扰细胞膜能量传递的功能,从而抑制微生物增殖,起到防腐效果。山梨酸是酸性防腐剂,在酸性介质中对微生物有良好的抑制作用。

3. 过氧乙酸的测定

过氧乙酸也称过乙酸或过醋酸,主要用作油脂、石蜡和淀粉等的漂白剂;在食品中主要作为防腐剂使用,其杀菌作用主要依靠自身强大的氧化能力,使酶失去活性,而导致微生物死亡。过氧乙酸的测定方法主要有碘量法、动力学比色法及其他分光光度法等。

项目实施

任务 1　食品中山梨酸、苯甲酸的测定——气相色谱法

一、目的

1. 掌握食品中山梨酸、苯甲酸测定的样品处理。

2. 熟悉气相色谱法测定食品中山梨酸、苯甲酸的操作方法。

二、原理

样品酸化后,用乙醚提取山梨酸、苯甲酸,用附氢火焰离子化检测器的气相色谱仪进行分离测定,与标准系列比较定量。

三、仪器与试剂

1. 仪器

气相色谱仪,具有氢火焰离子化检测器。

2. 试剂

(1) 乙醚:不含过氧化物。

(2) 石油醚:沸程 30～60 ℃。

(3) 盐酸。

(4) 无水硫酸钠。

(5) 盐酸(1∶1):取 100 mL 盐酸,加水稀释至 200 mL。

(6) 氯化钠酸性溶液(40 g/L):于氯化钠溶液(40 g/L)中加少量盐酸(1∶1)酸化。

(7) 山梨酸、苯甲酸标准溶液:准确称取山梨酸、苯甲酸各 0.200 0 g,置于 100 mL 容量瓶中,用石油醚-乙醚(3∶1)混合溶剂溶解,并稀释至刻度。此溶液每毫升相当于 2.0 mg 山梨酸或苯甲酸。

(8) 山梨酸、苯甲酸标准使用液:吸取适量的山梨酸、苯甲酸标准溶液,以石油醚－乙醚(3∶1)混合溶剂稀释至每毫升相当于 50 mg、100 mg、150 mg、200 mg、250 mg 山梨酸或苯甲酸。

四、实验步骤

1. 样品提取

称取 2.50 g 事先混合均匀的样品,置于 25 mL 带塞量筒中,加入 5 mL 盐酸(1∶1)酸化,用 15 mL、10 mL 乙醚提取两次,每次振摇 1 min,将上层乙醚提取液吸入另一个 25 mL 带塞量筒中,合并乙醚提取液。用 3 mL 氯化钠酸性溶液(40 g/L)洗涤两次,静止 15 min,用滴管将乙醚层通过无水硫酸钠滤入 25 mL 容量瓶中。加乙醚至刻度,混匀。准确吸取 5 mL 乙醚提取液于 5 mL 带塞刻度试管中,置于 40 ℃水浴上挥干,加入 2 mL 石油醚－乙醚(3∶1)混合溶剂溶解残渣,备用。

2. 色谱参考条件

(1)色谱柱:玻璃柱,内径 3 mm,长 2 m,内装涂以 5‰ DEGS＋1‰ H₃PO₄ 固定液的 60~80 目 Chromosorb W AW。

(2)气流速度:载气为氮气,50 mL/min(氮气和空气、氢气之比按各仪器型号不同选择各自的最佳比例条件)。

(3)温度:进样口 230 ℃;检测器 230 ℃;柱温 170 ℃。

3. 测定

进样 2 μL 标准系列中各浓度标准使用液于气相色谱仪中,可测得不同浓度山梨酸、苯甲酸的峰高,以浓度为横坐标,相应的峰高值为纵坐标,绘制标准曲线。同时进样 2 μL 样品溶液。测得峰高与标准曲线比较定量。

五、结果计算

$$X = \frac{A \times 1\,000}{m \times \frac{5}{25} \times \frac{V_2}{V_1} \times 1\,000}$$

式中:X——样品中山梨酸或苯甲酸的含量,mg/kg;

A——测定用样品液中山梨酸或苯甲酸的质量,μg;

V_1——加入石油醚-乙醚(3∶1)混合溶剂的体积,mL;

V_2——测定时进样的体积,μL;

m——样品的质量,g;

5——测定时吸取乙醚提取液的体积,mL;

25——样品乙醚提取液的总体积,mL;

由测得苯甲酸的量乘以 1.18,即为样品中苯甲酸钠的含量,结果保留两位有效数。

任务 2　食品中过氧乙酸的测定

一、目的

1. 掌握碘量法测定过氧乙酸的原理。
2. 熟悉碘量法测定过氧乙酸的操作方法。

二、原理

在酸性条件下用高锰酸钾标准溶液滴定过氧乙酸中含有的过氧化氢

（H_2O_2），然后用间接碘量法测定过氧乙酸的含量。

反应方程式如下：

$$2KMnO_4 + 3H_2SO_4 + 5H_2O_2 \Longrightarrow 2MnSO_4 + 5O_2 + 8H_2O$$

$$2KI + 2H_2SO_4 + CH_3COOOH \Longrightarrow 2KHSO_4 + CH_3COOH + H_2O + I_2$$

$$I_2 + 2Na_2S_2O_3 \Longrightarrow 2NaI + Na_2S_4O_6$$

三、仪器与试剂

1. 仪器设备

碘量瓶、滴定管。

2. 试剂

（1）硫酸溶液（1∶9）。

（2）100 g/L 碘化钾溶液。

（3）100 g/L 硫酸锰溶液。

（4）30 g/L 钼酸铵溶液。

（5）0.1 mol/L 高锰酸钾标准溶液。

（6）0.1 mol/L 硫代硫酸钠标准溶液。

（7）10 g/L 淀粉指示液。

四、实验步骤

称取约 0.5 g 粉碎的样品，精确至 0.000 1 g，置于盛有 50 mL 水、5 mL 硫酸溶液和 3 滴硫酸锰溶液并已冷却至 4 ℃的碘量瓶中，摇匀，用高锰酸钾标准溶液滴定至溶液呈稳定的浅粉色。随即加入 10 mL 碘化钾溶液和 3 滴钼酸铵溶液，轻轻摇匀，暗处放置 5～10 min，用硫代硫酸钠标准滴定溶液滴定，接近终点时（溶液呈淡黄色）加入 1 mL 淀粉指示液，继续滴定至蓝色消失，并保持 30 s 不变为终点，记录消耗硫代硫酸钠标准滴定溶液的体积。

五、结果计算

$$X = V \times c \times M \times 1\,000/m$$

式中：X——样品中过氧乙酸的含量，mg/kg；

V——硫代硫酸钠标准溶液的体积，mL；

c——硫代硫酸钠标准溶液的浓度，mol/L；

m——样品的质量，g；

M——与 1.00 mL 硫代硫酸钠标准溶液（c＝1.000 mol/L）相当的过氧乙

酸的摩尔质量,g/mol;($M=0.038\,03$)。

思考题

1. 常用的防腐剂有哪些？各有何特点？
2. 碘量法测定过氧乙酸的原理是什么？
3. 气相色谱法测定苯甲酸和山梨酸食品样品如何处理？

项目二　甜味剂的测定

学习目标

一、知识目标

1. 熟悉国家标准检测方法及相关文献的检索知识。
2. 熟悉食品中常用的甜味剂及常用检测方法。

二、能力目标

1. 能利用多种手段查阅甜味剂测定的方法。
2. 熟悉甜味菊苷和糖精钠测定的操作方法。

项目相关知识

一、概述

甜味剂是指赋予食品以甜味的物质,目前常用的有近 20 种。甜味剂有几种不同的分类方法:按照来源不同,可将其分为天然甜味剂和人工甜味剂;按营养价值,可分为营养型甜味剂和非营养型甜味剂;按其化学结构和性质,可分为糖类甜味剂和非糖类甜味剂。天然营养型甜味剂如蔗糖、葡萄糖、果糖、果葡糖浆、麦芽糖、蜂蜜等,一般视为食品原料,可用来制造各种糕点、糖果和饮料等,不作为食品添加剂加以控制。非糖类甜味剂有天然的和人工合成的两类,天然甜味剂如甜菊糖、甘草等,人工合成甜味剂有糖精、糖精钠、环己基氨基磺酸钠(甜蜜素)、天门冬酰苯丙氨酸甲酯(阿斯巴甜)、三氯蔗糖等。非糖类甜味剂甜度高,使用量少,热值小,常称为非营养性或低热值甜味剂,在食品加工中使用广泛。

二、食品中常用的甜味剂及测定方法

1. 甜菊糖苷

甜菊糖苷($C_{38}H_{60}O_{80}$)又名甜菊苷,甜叶菊苷,甜菊糖甙,属糖苷类天然非营

养甜味剂。

甜菊糖苷为白色或微黄色结晶性粉末,易溶于水,味极甜,甜度约为蔗糖的200~300倍。浓度高时带有轻微的类似薄荷醇的苦味及一定程度的涩味。甜菊糖苷耐高温,对酸、碱、盐稳定,在酸或盐溶液中甜味特别显著。在空气中会迅速吸湿,水中溶解度约为0.12%,微溶于乙醇,不溶于丙二醇或乙二醇。

甜菊糖苷是从菊科植物甜叶菊的叶、茎中提取的一种强甜味剂。人体摄入本品后,不产生热能,具有防止人体发胖、降低血压、防止龋齿、促进代谢、治疗胃酸过多,解毒、消除疲劳等功效,尤其对糖尿病、高血压等疾病有特殊治疗效果。

经国内外药理实验证明,甜菊糖苷为非致癌性物质,无毒、无副作用,食用安全。日本有关科学机构和科学家就甜菊糖苷的安全性问题进行过大量的研究和试验,结果是无致畸、突变及致癌性,摄入以后以原型经粪便和尿中排除。其安全性已得到国际FAO和WHO等组织的认可。其LD_{50}>15 g/kg;ADI无特殊规定。

根据GB 2760—1996规定,甜菊糖苷可用于液体和固体饮料、糖果、糕点等,2000年以后,其使用范围又扩大到油炸小食品、调味料、蜜饯和瓜子,按正常生产需要适量使用。甜菊糖是目前世界已发现并经我国卫生部、轻工业部批准使用的最接近蔗糖口味的天然低热值甜味剂。是继甘蔗甜菜糖之外第三种有开发价值和健康推崇的天然蔗糖替代品,被国际上誉为"世界第三糖源"。

甜菊糖苷测定方法有多种,常用的有气相色谱法、蒽酮比色法,此外国内外报道还有高效液相色谱法、流动注射化学发光法、薄层法等。

2. 糖精钠($C_7H_4O_3 \cdot 2H_2O$)

即邻苯磺酰亚胺钠盐。属于人工合成的非营养型甜味剂。糖精钠为无色结晶或稍带白色的结晶性粉末,无臭或稍有香气,在空气中缓慢风化为白色粉末。糖精钠味极甜,即使在1 000倍的水溶液中仍有极强甜味,甜味阈值约0.000 48%,在稀溶液中的甜度约为蔗糖的500倍。糖精钠易溶于水,不溶于乙醚、氯仿等有机溶剂,浓度低时呈甜味,高时则有苦味,故单独使用时应低于0.02%,在酸性条件下加热,甜味消失,并可形成苦味的邻氨基磺酰苯甲酸。

糖精钠被摄入人体后,不分解,不吸收,随尿排出,不供给热能,无营养价值。其致癌作用由于一直都有争议,尚未有确切结论,但考虑到人体的安全性,FAO和WHO食品添加剂委员会把其ADI值(每日允许摄入量)定为0~2.5 mg/kg。我国规定糖精钠可用于酱菜类、调味酱汁、浓缩果汁、蜜饯类、配制酒、冷饮类、糕点、饼干和面包。最大使用量为0.15 g/kg,盐汽水只允许用0.08 g/kg;浓缩果汁可按浓缩倍数的80%加入。但由于糖精钠对人体无营养价值,也不是食品的天然成分,故应尽量少用或不用。我国国标规定婴幼儿食品、病人食品和大量食用的主食都不得使用。

糖精钠测定方法有多种,国家标准法有高效液相色谱法、薄层色谱柱、离子选择电极分析方法。国内外文献报道的检测方法有紫外分光光度法、荧光分光光度法、电化学法、色谱法等。

项目实施

任务 1　甜菊糖苷的测定-蒽酮比色法

一、目的

1. 掌握蒽酮比色法测定甜菊糖苷的原理。
2. 熟悉蒽酮比色法测定甜菊糖苷的操作步骤。

二、原理

将烘干的甜叶菊经几次热水抽提后,用硫酸铝沉淀脱色,再经水饱和的正丁醇萃取,浓缩得到除去色素和其他杂质的甜菊苷。在强酸性和加热条件下,甜菊苷和蒽酮作用生成绿色络合物,其颜色的深浅与样品中甜菊苷含量成正比关系,以甜菊苷标准作对照,可以求出样品中总的甜菊苷的含量。

三、仪器与试剂

1. 实验仪器
分光光度计。
2. 实验试剂
(1) 正丁醇。
(2) 浓硫酸。
(3) 硫酸铝。
(4) 0.2％蒽酮硫酸溶液:称取 0.2 g 蒽酮,溶于 100 mL 95％硫酸溶液中。
(5) 甜菊苷标准溶液:用水配成 100 mg/L 纯甜菊苷标准液。

四、实验步骤

1. 标准曲线的绘制
分别准确吸取每毫升相当于 100 μg 的甜菊苷标准溶液 0、0.2、0.4、0.6、

0.8、1.0 mL,分别置于 25 mL 比色管中,每管加入水达总体积为 1 mL,然后加入 10 mL 0.2%蒽酮硫酸溶液。加入蒽酮硫酸溶液时,必须将试管放入冰水浴中,同时边加边摇,使试管溶液保持冷却状态。然后将试管置于沸水浴中加热 10 min,并且不断地摇动,使样液受热均匀。取出后于冷水中冷却 5 min,以试剂空白做参比,在波长 610 nm 处测定吸光度并绘制标准曲线。

2. 样品处理

称取经干燥粉碎的甜菊叶片 1.0 g,置于 250 mL 烧杯中,加水 60 mL 在沸水浴中浸提 1 h,过滤到 250 mL 容量瓶中,将残渣加水 60 mL 后,再在沸水浴中加热浸提 2 h,将浸提液过滤到 250 mL 容量瓶中,如此反复 3～4 次,共用水加热浸提 5 h,收集滤液至 250 mL 容量瓶中,用水定容。吸取过滤液 25 mL,置于 100 mL 烧杯中,加入 0.2 g 硫酸铝,溶解后用 1 mol/L 氢氧化钠调至 pH＝7,放置 1 h。过滤到 125 mL 分液漏斗中,并用少量水洗涤滤纸及黄色沉淀物至滤液总体积为 65 mL,用 50、25、25 mL 水饱和正丁醇萃取过滤液三次,弃去水层,合并正丁醇提取液于回收旋转浓缩装置中,减压回收正丁醇至瓶底恰好蒸干为止。用水将瓶内的甜菊苷经多次冲洗移入 100 mL 容量瓶中,最后用水定容至刻度,摇匀,备用。

3. 样品测定

准确吸取样液 1.0 mL,置于 25 mL 比色管中,加入 10 mL 0.2%蒽酮硫酸溶液,以下操作方法按标准曲线绘制进行,测得样液中的吸光度。并从标准曲线中查出甜菊苷的含量。

4. 计算

$$X=\frac{m}{W_1}\times100\%=\frac{m\times100\times\frac{250}{25}}{W}\times100\%$$

式中:X——总甜菊苷含量,%;

m——从标准曲线查得的总甜菊苷的质量,mg;

W_1——测定时所取样品的质量,mg;

W——样品的质量,mg。

5. 说明

① 蒽酮硫酸溶液加入到样液或标准液时,最好把试管放入冰浴中,用环形玻璃棒在样液中不断搅拌,使作用液均匀地冷却。

② 样液必须清澈透明,呈不同的深浅绿色,加热后不应有蛋白质沉淀存在。

③ 本法检出限为 20～100 μg,在操作过程中,加入蒽酮硫酸的浓度和量,以

及加热时间前后要一致才能取得正确结果。同时本法与气相色谱法对比,回收率达 80％以上,而操作时间可以大大地缩短。

任务 2　食品中糖精钠的测定

一、目的

1. 熟悉高效液相色谱法测定糖精钠原理和操作方法。
2. 掌握样品的处理方法。

二、原理

样品经加温除去二氧化碳和乙醇后,调节 pH 至近中性,过滤后进高效液相色谱仪,经反相色谱分离后,根据保留时间和峰面积进行定性和定量测定。取样量为 10 g,进样量为 10 μL,最低检出量为 1.5 μg。

三、仪器与试剂

1. 仪器

高效液相色谱仪,具紫外检测器。

2. 试剂

(1) 甲醇:经滤膜(0.5 μm)过滤,超声脱气。

(2) 氨水(1∶1):氨水加等体积水混合。

(3) 乙酸铵溶液(0.02 mol/L):称取 1.54 g 乙酸铵,加水至 1 000 mL 溶解,经滤膜(0.45 μm)过滤。

(4) 糖精钠标准储备溶液:准确称取 0.085 1 g 经 120 ℃烘干 4 h 后的糖精钠($C_7H_4O_3NSNa \cdot 2H_2O$),加水溶解定容至 100.0 mL,糖精钠含量 1.0 mg/mL,作为储备溶液。

(5) 糖精钠标准使用溶液:吸取糖精钠标准储备液 10.0 mL 放入 100 mL 容量瓶中,加水至刻度,经滤膜(0.45 μm)过滤,该溶液每毫升相当于 0.10 mg 的糖精钠。

四、实验步骤

1. 样品处理

① 汽水、饮料、果汁类

汽水需微热搅拌除去 CO_2,然后称取 5.00 g～10.00 g,用氨水(1∶1)调 pH

约 7,加水定容至适当体积。此液通过微孔滤膜(0.45 μm)后进样。果汁类称取 5.00 g~10.00 g 用氨水(1∶1)调 pH 约 7,加水定容至适当体积,离心沉淀经 0.45 μm 滤膜过滤。

② 配置酒类

称取 10.0 g 样品放入小烧杯中,水浴加热除去乙醇,用氨水(1∶1)调 pH 至 7,加水定容至适当体积,经滤膜(0.45 μm)过滤后进行 HPLC 分析。

2. 高效液相色谱分析参考条件

色谱柱:YWG—C_{18} 4.6 mm×250 mm,10 μm 不锈钢柱,或其他型号 C_{18} 柱。

流动相:甲醇+乙酸铵溶液(0.02 mol/L)(5∶95)。

流速:1.0 mL/min。

进样量:10 μL。

检测器:紫外检测器,波长 230 nm,灵敏度 0.2AUFS。

3. 测定

取样品处理液和标准使用液各 10 μL,注入高效液相色谱仪进行分离,根据保留时间定性,外标峰面积法定量。

五、结果计算

$$X = \frac{m_1}{m_2 \times \frac{V_2}{V_1}}$$

式中:X——样品中糖精钠含量,g/kg(或 g/L);

m_1——进样体积中糖精钠的质量,mg;

m_2——样品质量或体积,g(或 mL);

V_1——样品稀释液总体积,mL;

V_2——进样体积,mL。

结果表述:保留算术平均值的三位有效数字。允许相对误差≤10%。

思考题

1. 食品中常用的甜味剂有哪些? 各有何特点?

2. 甜菊糖苷和糖精钠的测定方法有哪些?

3. 高效液相色谱法测定糖精钠的样品如何处理?

项目三　发色剂的测定

学习目标

一、知识目标

1. 熟悉国家标准检测方法及相关文献的检索知识。
2. 掌握盐酸萘乙二胺法测定亚硝酸盐原理。
3. 掌握镉柱法测定硝酸盐的原理。

二、能力目标

1. 能利用多种手段查阅亚硝酸盐测定的方法。
2. 掌握亚硝酸盐和硝酸盐测定的操作方法。
3. 能正确进行数据处理。
4. 按要求出具正确的检测报告。

项目相关知识

在食品加工过程中,添加适量的化学物质与食品中的某些成分相互作用,而使制品呈现良好的色泽,这些物质称为发色剂或呈色剂。我国食品添加剂使用卫生标准中公布的发色剂有硝酸钠(钾)和亚硝酸钠(钾)。

亚硝酸钠为无色或微带黄色结晶,味微咸,易潮解,易溶于水,微溶于乙醇中,是食品添加剂中急性毒性较强的物质之一。摄入多量亚硝酸盐进入血液后,可使正常的血红蛋白变成高铁血红蛋白,从而失去携氧功能,导致组织缺氧,出现头晕、恶心,严重者出现呼吸困难、昏迷等症状。另外,长期食用亚硝酸盐含量过多的食物,亚硝酸盐会与仲胺反应生成具有致癌作用的亚硝胺。亚硝酸钠的外观、口味均与食盐相似,需防止误食而引起中毒。硝酸钠为白色结晶,味咸并稍苦,属潮解型,易溶于水,微溶于乙醇中。其毒性主要是在食品中、水中或胃肠道内被还原成亚硝酸盐所致。

亚硝酸盐的测定方法包括盐酸萘乙二胺比色法、极谱法、荧光法等。硝酸盐可用电极法、气相色谱法测定,也可通过被还原为亚硝酸盐来定量。

项目实施

任务1 肉制品中亚硝酸盐的测定——盐酸萘乙二胺法

一、目的

1. 掌握盐酸萘乙二胺法测定亚硝酸盐的原理和操作方法。
2. 熟悉标准曲线的制作及结果的计算。

二、原理

样品经过沉淀蛋白质、去除脂肪后,在弱酸条件下亚硝酸盐与对氨基苯磺酸重氮化后,再与盐酸萘乙二胺偶合形成紫红色染料,其最大吸收波长为 538 nm,且色泽深浅在一定范围内均与亚硝酸盐呈正比,可与标准系列比较定量。

三、仪器与试剂

1. 仪器

小型粉碎机、分光光度计、25 mL 具塞比色管。

2. 试剂

(1) 亚铁氰化钾溶液:称取 106.0 g 亚铁氰化钾,用水溶解,并稀释至 1 000 mL。

(2) 乙酸锌溶液:称取 220.0 g 乙酸锌,加 30 mL 冰乙酸溶于水,并稀释 1 000 mL。

(3) 饱和硼砂溶液:称取 5.0 g 硼酸钠,溶于 100 mL 热水中,冷却后备用。

(4) 对氨基苯磺酸溶液:称取 0.4 g 对氨基苯磺酸,溶于 100 mL 20%盐酸中,置棕色瓶中混匀,避光保存。

(5) 盐酸萘乙二胺溶液(2 g/L):称取 0.2 g 盐酸萘乙二胺,溶解于 100 mL 蒸馏水中,混匀,避光保存。

(6) 亚硝酸钠标准溶液(200 μg/mL):准确称取 0.100 0 g 于硅胶干燥器中干燥 24 h 的亚硝酸钠,加水溶解后定容到 500 mL。

(7) 亚硝酸钠标准使用液(5.0 μg/mL):临用前吸取亚硝酸钠标准溶液 5.00 mL,置于 200 mL 容量瓶中,加水稀释至刻度。

四、实验步骤

1. 样品处理

称取 5.0 g 粉碎混匀的样品,置于 50 mL 烧杯中,加 12.5 mL 硼砂饱和液,搅拌均匀,用约 300 mL 70 ℃左右的热水将样品洗入 500 mL 容量瓶中,于沸水浴中加热 15 min,冷却至室温,边转动容量瓶边加入 5 mL 亚铁氰化钾溶液,摇匀,再加入 5 mL 乙酸锌溶液,以沉淀蛋白质。加水至刻度,摇匀,放置 0.5 h,除去上层脂肪后过滤,弃去初滤液 30 mL,滤液备用。

2. 测定

吸取 40.0 mL 上述滤液于 50 mL 具塞比色管中,另取 0.0、0.2、0.4、0.6、0.8、1.0、1.5、2.0、2.5 mL 亚硝酸钠标准使用液(5.0 μg/mL),分别置于 50 mL 具塞比色管中。在标准管与样品管中分别加入 2 mL 对氨基苯磺酸溶液(4 g/L),混匀,静置 3~5 min 后各加入 1 mL 盐酸萘乙二胺溶液(2 g/L),加水至刻度,混匀,静置 15 min,用 2 cm 比色杯,以零管调节零点,在波长 538 nm 处测吸光度,并绘制标准曲线。同时做试剂空白实验。

五、结果计算

$$X = \frac{V_1 \times m_1 \times 1\,000}{m \times V_2 \times 1\,000}$$

式中：X——样品中亚硝酸盐的含量,mg/kg;

　　　m——样品质量,g;

　　　m_1——测定用样液中亚硝酸盐的含量,μg;

　　　V_1——样品处理液总体积,mL;

　　　V_2——测定用样液体积,mL。

六、说明

1. 本方法为国家标准法(GB/T 5009.33—2003),亚硝酸盐最低检出限为 1 mg/kg。

2. 对于含油脂多的样品,可撇去提取液中的上层脂肪;对于有色样品可用氢氧化铝乳液脱色后再进行显色反应。

任务 2　肉制品中硝酸盐的测定-镉柱法

一、目的

1. 掌握镉柱法测定硝酸盐的原理和操作方法。
2. 熟悉样品的处理和相关注意事项。

二、原理

样品溶液经过沉淀蛋白质、去除脂肪后,通过镉柱,使其中的硝酸盐还原为亚硝酸盐,在弱酸性条件下,亚硝酸盐与对氨苯基磺酸重氮化,再与盐酸萘乙二胺偶合形成紫红色染料,测得亚硝酸盐总量;另取一份样品溶液,不通过镉柱,直接测定其中的亚硝酸盐含量,测出总量减去样品中原有的亚硝酸盐含量即得硝酸盐含量。

三、仪器与试剂

1. 仪器

小型粉碎机、分光光度计、25 mL 具塞比色管。

2. 试剂

(1) 氨性缓冲溶液(pH9.6～9.7):取 20 mL 盐酸,加 50 mL 蒸馏水,混匀后加 50 mL 氨水,再加水稀释至 1 000 mL。

(2) 稀氨缓冲液:50 mL 氨水(25%),加水稀释至 500 mL。

(3) 硝酸钠标准溶液(200 μg/mL):准确称取 0.123 2 g 于 110～120 ℃干燥恒重的硝酸钠,加水溶解,转移至 500 mL 容量瓶中并稀释至 500 mL。

(4) 硝酸钠标准使用液(5.0 μg/mL):取硝酸钠标准溶液 2.50 mL,加水稀释至 100 mL。

(5) 亚硝酸钠标准使用液(5.0 μg/mL):同"任务 1　亚硝酸盐的测定——盐酸萘乙二胺法"。

(6) 海绵状镉的制备:于 500 mL 硫酸镉溶液(200 g/L)中投入足够的锌皮或锌棒,经 3～4 h,当其中的镉全部被锌置换后,用玻璃棒轻轻刮下,取出残余锌棒,使镉沉底,用水多次洗涤,然后捣碎,取 20～40 目的部分装柱。

(7) 镉柱的装填:用水装满镉柱玻璃管,并装入 2 cm 高的玻璃棉坐垫,将玻璃棉压向柱底时,应将其中所包含的空气全部排出,在轻轻敲击下加入海绵状镉至 8～10 cm 高,上面用 1 cm 高的玻璃棉覆盖,上置一贮液漏斗,末端要穿过橡皮塞与镉柱玻璃管紧密连接。

四、实验步骤

1. 样品预处理

同"任务 1 亚硝酸盐的测定——盐酸萘乙二胺法"。

2. 硝酸盐的还原

取 20 mL 处理过的样液于 50 mL 烧杯中,加 5 mL 稀氨缓冲溶液,混合后注入贮液漏斗,使硝酸盐经镉柱还原,收集流出液,当贮液漏斗中的样液流完后,再加 5 mL 水置换柱内留存的样液。

将全部收集液如前再经镉柱还原一次,收集流出液,以水洗涤镉柱三次,洗涤液一并收集,加水定容至 100 mL。

3. 亚硝酸钠总量的测定

取 10~20 mL 还原后的样液于 50 mL 比色管中,以下同"任务 1 亚硝酸盐的测定——盐酸萘乙二胺法"。

4. 样品中原有亚硝酸盐的测定

同"任务 1 亚硝酸盐的测定——盐酸萘乙二胺法"。

五、结果计算

$$X = \frac{(m_1 - m_2) \times 1.232 \times 1\,000 \times V_1}{m \times V_2 \times 1\,000}$$

式中:X——样品中亚硝酸盐的含量,mg/kg;

　　　m——样品质量,g;

　　　m_1——经镉柱还原后测得的亚硝酸盐的含量,μg;

　　　m_2——直接测得的亚硝酸盐的含量,μg;

　　　V_1——样品处理液总体积,mL;

　　　V_2——测定用样液体积,mL;

　　　1.232——亚硝酸钠换算成硝酸钠的系数。

六、说明

1. 本方法为国家标准法(GB/T 5009.33—2003),硝酸盐最低检出限为 1.4 mg/kg。

2. 如无上述镉柱玻璃管时,可以 25 mL 酸式滴定管代用。

3. 镉柱填装好及每次使用完毕后,应先用 25 mL 盐酸(0.1 mol/L)洗涤,再以水洗两次,镉柱不用时用水封盖,镉层不得夹有气泡。

4. 样品溶液上镉柱之前,应先以 25 mL 稀氨缓冲液冲洗镉柱,流速控制在 3～5 mL/min。

5. 为保证硝酸盐测定结果的准确性,应常检验镉柱的还原效率。

6. 镉柱还原效率的测定:取 20 mL 硝酸钠标准使用液,加入 5 mL 稀氨缓冲液,混匀后按照分析步骤中"硝酸盐的还原"进行操作。取 10.0 mL 还原后的溶液(相当 10 μg 亚硝酸钠)于 50 mL 比色管中,按照"亚硝酸盐的测定"进行操作,根据标准曲线计算测得结果,与加入量相比较,还原效率应大于 98% 为符合要求。

7. 镉是有毒元素之一,不能接触到皮肤,一旦接触,立即用水冲洗。另外,不要将含有大量镉的溶液弃入下水道.应处理后弃去。

思考题

1. 食品中常用的发色剂有哪些?

2. 分光光度法测定亚硝酸盐的原理是什么?

3. 镉柱法测定硝酸盐的原理与要求是什么?

项目四　漂白剂的测定

学习目标

一、知识目标

1. 熟悉国家标准检测方法及相关文献的检索知识。
2. 熟悉常用的漂白剂种类及测定方法。
3. 掌握食品盐酸副玫瑰苯胺比色法测定食品中二氧化硫的原理和方法。

二、能力目标

1. 能利用多种手段查阅漂白剂测定的方法。
2. 掌握盐酸副玫瑰苯胺比色法测定二氧化硫的操作方法。
3. 熟悉钛盐比色法测定过氧化氢的操作方法。
4. 能正确进行数据处理。
5. 按要求出具正确的检测报告。

项目相关知识

一、概述

漂白剂是指可使食品中的有色物质经化学作用分解转变为无色物质,或使其褪色的一类食品添加剂,可分为还原型和氧化型两类。目前,我国使用的大都是以亚硫酸类化合物为主的还原型漂白剂,通过产生的 SO_2 还原作用而使食品漂白。

我国《食品添加剂使用标准》(GB 2760—2011)规定:亚硫酸用于葡萄酒、果酒时的用量为 0.25 g/kg,残留量(以 SO_2 计)不超过 0.5 g/kg。在蜜饯、葡萄糖、食糖、冰糖、糖果、液体葡萄糖中的最大使用量为 0.4~0.6 g/kg;薯类淀粉中为 0.20 g/kg;竹笋、蘑菇及其罐头残留量(以 SO_2 计)不超过 0.04 g/kg;液体葡萄糖不超过 0.2 g/kg;蜜饯、葡萄糖不超过 0.05 g/kg;薯类淀粉 0.03 g/kg。

二、常用的漂白剂种类

1. 二氧化硫和亚硫酸盐,具有还原性,能与食品中含有的有色物质结合,常作为漂白剂应用在食品生产中。二氧化硫残留量的检验方法较多,常规的方法有蒸馏滴定法、碘量法、盐酸副玫瑰苯胺比色法、液相色谱法等。其中,碘量法仪器设备简单,但操作不易控制,精密度较低,重现性也不好;液相色谱法虽然灵敏度高,但需要特殊的仪器设备,操作条件也较难控制。

2. 过氧化氢,俗名双氧水,是一种强氧化剂,具有消毒、杀菌、漂白等功能,在食品工业中主要用于软包装纸的消毒,罐头厂的消毒,奶和奶制品的杀菌,面包发酵、食品纤维的脱色,米粉丝的漂白剂等,其测定方法主要有碘量法、钛盐比色法以及其他分光光度法。

项目实施

任务1　食品中二氧化硫的测定——盐酸副玫瑰苯胺法

一、目的

1. 掌握盐酸副玫瑰苯胺法测定二氧化硫的原理和操作方法。
2. 熟悉样品的处理和相关注意事项。

二、原理

亚硫酸盐与四氯汞钠反应生成稳定的络合物,再与甲醛及盐酸副玫瑰苯胺作用生成紫红色络合物,其最大吸收波长为 550 nm,且色泽深浅在一定范围内与二氧化硫含量呈正比,可与标准系列比较定量。

三、仪器与试剂

1. 仪器
碘量瓶、滴定管。

2. 试剂
(1) 四氯汞钠吸收液:称取 13.6 g 氯化汞及 6.0 g 氯化钠,溶于水中并稀释至 1 000 mL,放置过夜,过滤后备用。
(2) 12 g/L 氨基磺酸铵溶液。

（3）甲醛溶液（2 g/L）：取 0.55 mL 无聚合沉淀的甲醛（36%），加水稀释至 100 mL，混匀。

（4）淀粉指示液：取 1 g 可溶性淀粉，用少许热水调成糊状，缓缓倾入 100 mL 沸水中，边加边搅拌，煮沸，待澄清放冷备用，此溶液临用时现配。

（5）亚铁氰化钾溶液：称取 10.6 g 亚铁氰化钾[$K_4Fe(CN)_6 \cdot 3H_2O$]，加水溶解并稀释至 100 mL。

（6）乙酸锌溶液：称取 22 g 乙酸锌[$Zn(CH_3COO)_2 \cdot 2H_2O$]溶于少量水中，加入 3 mL 冰乙酸，加水稀释至 100 mL。

（7）盐酸副玫瑰苯胺溶液：称取 0.1 g 盐酸副玫瑰苯胺（$C_{19}H_{18}N_3Cl \cdot 4H_2O$）于研钵中，加少量水研磨使溶解并稀释至 100 mL。取出 20 mL，加盐酸（1∶1），充分摇匀后溶液由红变黄，如不变黄再滴加少量盐酸至出现黄色，再加水稀释至 100 mL，备用。

（8）20 g/L 氢氧化钠溶液。

（9）硫酸（1∶71）。

（10）0.1 mol/L 碘溶液。

（11）0.1 mol/L 硫代硫酸钠（$Na_2S_2O_3 \cdot 5H_2O$）标准溶液。

（12）二氧化硫标准溶液：称取 0.5 g 亚硫酸钠，溶于 200 mL 四氯汞钠吸收液中，放置过夜，上清液用定量滤纸过滤备用。

二氧化硫标准溶液的标定：吸取 10.00 mL 亚硫酸钠-四氯汞钠溶液于 250 mL 碘量瓶中，加 100 mL 水，准确加入 20.00 mL 碘溶液，5.00 mL 冰乙酸，摇匀，放置于暗处 2 min 后迅速以硫代硫酸钠标准溶液滴定至淡黄色，加 0.50 mL 淀粉指示液，继续滴至无色。另取 100 mL 水，准确加入碘溶液 20.00 mL、15.00 mL 冰乙酸，按同一方法做空白试验。

（13）计算：

$$X = \frac{(V_2 - V_1) \times c \times 32.03}{10}$$

式中：X——二氧化硫标准溶液质量浓度，mg/mL；

V_1——测定用亚硫酸钠-四氯汞钠溶液消耗硫代硫酸钠标准溶液体积，mL；

V_2——试剂空白消耗硫代硫酸钠标准溶液体积，mL；

c——硫代硫酸钠标准溶液的浓度，mol/L；

32.03——与每毫升硫代硫酸钠（1.000 mol/L）溶液相当的二氧化硫的质量，mg。

（14）二氧化硫使用液：临用前将二氧化硫标准溶液以四氯汞钠吸收液稀释成每毫升相当于 2 μg 二氧化硫。

四、实验步骤

1. 样品处理

水溶性固体样品（如白砂糖等），可称取 10.0 g 均匀的样品，以少量水湿润并移入 100 mL 容量瓶中，加入 4 mL 氢氧化钠溶液（20 g/L），5 min 后加入 4 mL 硫酸（1∶71），然后加入 20 mL 四氯汞钠吸收液，以水稀释至刻度。其他固体样品（如饼干、粉丝等）可称取 5.0 g～10.0 g 研磨均匀的试样，以少量水湿润异移入 100 mL 容量瓶中，加入 20 mL 四氯汞钠吸收液，浸泡 4 h 以上。若上层溶液不澄清可加入亚铁氰化钾溶液及乙酸锌溶液各 2.5 mL，最后用水稀释至 100 mL，过滤后备用。

液体样品，可直接吸取 5.0～10.0 mL 样品，置于 100 mL 容量瓶中，以少量水稀释，加 20 mL 四氯汞钠吸收液，摇匀，最后加水至刻度，必要时过滤备用。

2. 测定

吸取 0.50～5.00 mL 上述样品处理液于 25 mL 具塞比色管中。另吸取 0、0.20、0.40、0.60、0.80、1.00、1.50、2.00 mL 二氧化硫标准使用液，分别置于 25 mL 具塞比色管中。于样品及各标准管中加入四氯汞钠吸收液至 10 mL，然后再加入 1 mL 氨基磺酸铵溶液、1 mL 甲醛溶液及 1 mL 盐酸副玫瑰苯胺溶液，摇匀，放置 20 min。于波长 550 nm 处测吸光度，并绘制标准曲线。

五、结果计算

$$X = \frac{A \times 1\,000 \times 100}{m \times V \times 1\,000 \times 1\,000}$$

式中：X——样品中二氧化硫的含量，g/kg；

A——测定用样液中二氧化硫的含量，μg；

m——样品质量，g；

V——测定用样液的体积，mL。

六、说明

1. 本法是国家标准法（GB/T 5009.34—1996）第一法，二氧化硫最低检出限为 1 mg/kg。

2. 亚硫酸易与食品中的醛、酮、糖等结合，形成结合态亚硫酸盐，样品处理时加入氢氧化钠可使结合态亚硫酸释放出来。

3. 盐酸副玫瑰苯胺比色法对反应中盐酸的用量、温度范围有一定的要求,盐酸加入量多则显色浅,盐酸加入量少则显色深,须严格控制,否则结果波动较大,重现性不好。

4. 二氧化硫标准溶液的浓度随放置时间的延长逐渐降低,因此临用时须标定其浓度。

任务 2　食品中过氧化氢的测定——钛盐比色法

一、目的

1. 掌握钛盐比色法测定过氧化氢的原理和操作方法。
2. 熟悉样品的处理和相关注意事项。

二、原理

过氧化氢在酸性溶液中,与钛离子生成稳定的橙色络合物,在 430 nm 处有最大吸收,其吸光度与样品中过氧化氢含量在一定范围内呈线性关系,可与标准系列比较定量。反应式:

$$Ti^{4+} + H_2O_2 + 2H_2O \longrightarrow H_2TiO_4 + 4H^+$$

三、仪器与试剂

1. 仪器

砂芯漏斗、滴定管。

2. 试剂

(1) 钛溶液:称取二氧化钛(TiO_2)1.0 g 于 250 mL 三角烧瓶中,加硫酸铵 4.0 g,浓硫酸 100 mL,上置小漏斗,置 150 ℃可控温电热套中加热 15 h,冷却后倾入 4 倍水中,最后用滤纸过滤,清液备用。

(2) 硫酸(1∶4):取 10 mL 浓硫酸,加入 40 mL 水中。

(3) 0.1 mol/L 高锰酸钾标准溶液:称取约 3.3 g 高锰酸钾,加 1 000 mL 水,煮沸 15 min,加塞静置 2 h 以上,用砂芯漏斗过滤,棕色瓶中保存。标定:准确称取约 0.2 g 于 110 ℃干燥至恒量的基准草酸钠,加入 250 mL 新煮沸过的冷水,10 mL 浓硫酸,搅拌使溶解,迅速加入约 25 mL 高锰酸钾溶液,待褪色后加热至 65 ℃,继续用高锰酸钾溶液滴定至溶液呈微红色,保持 0.5 min 不褪色,同时做空白试验。在滴定终了时溶液温度应不低于 55 ℃。高锰酸钾标准溶液的浓度按下式计算：

$$c = \frac{m}{(V-V_0) \times 0.067\ 0}$$

式中：c——高锰酸钾标准溶液的实际浓度，mol/L；

m——基准草酸钠的质量，g；

V——高锰酸钾标准溶液用量，mL；

V_0——试剂空白试验中高锰酸钾标准溶液用量，mL；

0.067 0——与 1.00 mL 高锰酸钾标准溶液相当的基准草酸钠的质量，g。

（4）过氧化氢标准贮备液：取过氧化氢（30%）1.0 mL 用水稀释至 100 mL。准确吸取 20 mL 稀释液于 150 mL 三角烧瓶中，加 2.0 mol/L 硫酸 25 mL，用 0.1 mol/L 高锰酸钾标准溶液滴定至溶液呈微红色。保持 0.5 min 不褪色。同时做空白试验。过氧化氢标准贮备液的浓度按下式计算：

$$T = \frac{T_1 \times V \times 17.01}{20}$$

式中：T——过氧化氢标准贮备液质量浓度，mg/mL；

T_1——高锰酸钾标准溶液浓度，mol/L；

V——高锰酸钾标准溶液用量，mL；

17.01——1 mol 高锰酸钾相当于过氧化氢的质量，g。

（5）过氧化氢标准使用液：根据标定结果将过氧化氢标准贮备液用水稀释为 20 μg/mL。

四、实验步骤

1. 样品前处理

一般试样：取粉碎均匀的样品 2.50～5.00 g 于烧杯中，用水溶解并定容至 50 mL。浸泡 30 min 后，用干燥滤纸过滤（如样品溶液有颜色，可加入粉末活性炭脱色后再用干燥滤纸过滤），弃初滤液，滤液备用。

乳及乳制品：取牛乳 25.00～50.00 mL 或称取 2.50～5.00 g 婴、幼儿奶粉，置于 200 mL 容量瓶中，加 50 mL 50～55 ℃ 热水，缓缓加入乙酸锌溶液和亚铁氰化钾溶液各 10 mL，加水至刻度。混匀，静置 30 min。用干燥滤纸过滤，弃初滤液，滤液备用。

水发产品：直接吸取浸泡液或将试样绞碎搅匀，称取 2.50～5.00 g 置于锥形瓶中，加 50.00 mL 水，置振荡器上振荡、浸渍 30 min，然后用干燥滤纸过滤，滤液备用。

2. 标准曲线的绘制

在 8 个 25 mL 比色管中依次分别加入过氧化氢标准应用液 0、0.25、0.50、1.00、2.50、5.00、7.50、10.0 mL，加水至 10 mL。各加钛溶液 5 mL，加水至刻度，室温下放置 10 min。用 5 cm 比色皿，空白管调零，在波长 430 nm 处测定其吸光度，以吸光度为纵坐标，过氧化氢含量为横坐标绘制标准曲线。

3. 试样测定

分别吸取 10.00 mL 试样液置于 A、B 两支 25 mL 带塞比色管中，A 管中加入钛溶液 5.00 mL，B 管中加入 5.00 mL 稀硫酸(1∶4)代替钛溶液作为样品空白，以下按标准曲线绘制步骤操作。

五、结果计算

$$X = \frac{c \times V_1 \times B}{m \times V_2}$$

式中：X——样品中过氧化氢含量，mg/kg；

$\quad c$——试样测定液中过氧化氢含量，μg；

$\quad V_1$——试样定容体积，mL；

$\quad V_2$——测定用试样体积，mL；

$\quad B$——稀释倍数；

$\quad m$——试样质量，g。

六、说明

1. 本方法中，最佳显色时间为 30～60 min。
2. 本方法的最大吸收波长为 430 nm。

思考题

1. 食品中的二氧化硫以何种形式存在？如何使食品中的二氧化硫释放出来？样品待测液为什么不能放置较长时间？
2. 在配制 0.02% 盐酸副玫瑰苯胺溶液时应注意哪些操作？
3. 钛盐比色法测定过氧化氢的原理是什么？

模块三　食品中有毒有害物质的检验

项目一　食品中农药残留的测定

学习目标

一、知识目标

1. 熟悉国家标准检测方法及相关文献的检索知识。
2. 熟悉农药的一般知识。
3. 基本掌握农药分析的基本原理和分析要求。

二、能力目标

1. 能利用多种手段查阅农药测定的方法。
2. 能对食品的样品中农药进行提取、净化、浓缩和衍生化等农药分析的前处理。
3. 了解各种农药测定的方法。

项目相关知识

一、概述

农药是指用于防治危害农牧业生产的有害生物(害虫、害螨、线虫、病原菌、杂草及鼠类等)和调节植物生长的化学药品。最早的农药指的是用于杀害作物寄生虫的化学品,包括天然的和合成的。

我国常用农药按照成分和来源分,有矿物源农药(无机化合物)、生物源农药(天然有机物、抗生素、微生物)及化学合成农药三大类;按照防治对象分,有杀虫剂、杀菌剂、杀鼠剂、脱叶剂、除草剂、植物生长调节剂等。生物农药相对较少,且比较安全,人们关心更多的是化学农药。

杀虫剂的分类通常有五类:有机磷化合物、有机氯化合物、合成除虫菊酯、氨基甲酸酯和苯甲酰脲。另外还有有机锡化合物如苯丁锡和生长调节剂如灭蝇胺等。

农药残留是指农药使用后一段时期内没有被分解,而残存于生物体、农副产品和环境中的微量农药原体、有毒代谢产物、降解物和杂质的总称。残留农药直接通过植物果实、水或大气到达人、畜体内,或通过环境、食物链最终传递给人、畜。残留的数量称为残留量,表示单位为 mg/kg。当农药过量或长期施用,导致食物中农药残存数量超过最大残留限量(MRL)时,将对人和动物产生不良影响,或通过食物链对生态系统中其他生物造成毒害。导致和影响农药残留的原因很多,其中农药本身的性质、环境因素以及农药的使用方法是影响农药残留的主要因素。

二、常见的农药残留及分析方法

1. 食品中有机氯农药残留及分析

有机氯农药是农药中一类有机含氯化合物,一般分为两大类:一为 DDT 类,称作氯化苯及其衍生物,包括 DDT 和六六六等;二为氯化亚甲基萘类,如七氯、氯丹、艾氏剂、狄氏剂与异狄氏剂、毒杀酚等。其中以六六六与 DDT 使用最广泛。

有机氯农药不溶或微溶于水,但脂溶性强,在生物体内的蓄积有高度选择性,多贮存于机体脂肪组织中脂肪多的部位,在碱性环境中易分解失效。

由于这类农药有较高的杀虫活性,杀虫范围广,对温血动物的毒性较低,持续性较长,加之生产方法简单,价格低廉,因此,这类杀虫剂在世界上相继投入大规模的生产和使用,但从 20 世纪 70 年代开始,许多工业化国家相继限用或禁用某些有机氯农药,其中主要是 DDT、六六六及狄氏剂。我国 20 世纪 80 年代初就开始停止生产和使用六六六、DDT 等。

但由于有机氯农药性质稳定,在自然界不易分解,属高残留品种,因此世界上许多地方的空气、水域和土壤中仍能检测出微量有机氯农药的存在,并会相当长时间内继续影响食品的安全性,危害人类健康。

六六六分子式为 $C_6H_6Cl_6$,化学名为六氯环己烷、六氯化苯,简称 BHC。BHC 有多种异构体:α-BHC、β-BHC、γ-BHC、δ-BHC。BHC 为白色或淡黄色固体,纯品为无色无臭晶体,工业品有霉臭气味,在土壤中半衰期为 2 年,不溶于水,易溶于脂肪及丙酮、乙醚、石油醚及环己烷等有机溶剂。BHC 对光、热、空气、强酸均很稳定。

DDT 分子式为 $C_{14}H_9Cl_{15}$，化学名为 2,2-双（对氯苯基）-1,1,1-三氯乙烷、二氯二苯三氯乙烷，简称 DDT。根据苯环上 Cl 的取代位置不同，形成如下几种异构体：p,p'-DDT、o,p'-DDT、p,p'-DDD、p,p'-DDE。在农药中起主要作用的是 p,p'-DDT 及 o,p'-DDT。DDT 产品为白色或淡黄色固体，纯品 DDT 为白色结晶，熔点 108.5～109 ℃。在土壤中半衰期为 3～10 年。不溶于水，易溶于脂肪及丙酮、氯仿、苯、氯苯、乙醚等有机溶剂。

有机氯农药残留检测的常用方法有气相色谱法和薄层色谱法。

2. 有机磷农药残留及检测

有机磷（OPPs）是含有 C—P 键或 C—O—F、C—S—P、C—N—P 键的有机化合物。于 20 世纪 30 年代开始生产和使用，它不但可以作为杀虫剂、杀菌剂，而且也可以作为除草剂和植物生长调节剂。按其毒性可分为高毒、中等毒和低毒三类；按其结构可分为磷酸酯及硫化磷酸酯两大类。目前，正式商品化的有机磷农药有敌敌畏、二溴磷、久效磷、磷胺、对硫磷、甲基对硫磷、杀螟硫磷、倍硫磷、内吸磷、双硫磷、毒死蜱、二嗪农、辛硫磷、氧乐果、丙溴磷、甲拌磷、马拉硫磷、乐果、乙酰甲胺磷、杀虫畏、敌百虫、甲胺等上百种。

有机磷农药具有特殊的蒜臭味，挥发性大，对光、热不稳定。由于各种有机磷农药的极性强弱不同，故在水及各种有机溶剂中的溶解性能也不一样，但多数有机磷农药难溶于水，可溶于脂肪及各种有机溶剂，如丙酮、石油醚等。

由于有机磷农药品种多、药效高、用途广、易分解，在人、畜体内一般不积累等特点，近年来，已得到广泛应用。但是，某些有机磷农药属高毒农药，对哺乳动物急性毒性较强，常因使用、保管、运输不当，污染食品，造成人畜急性中毒。有机磷农药主要是抑制生物体内的胆碱酯酶的活性，导致乙酰胆碱这种传导介质代谢紊乱，产生迟发型神经毒性，引起运动失调、昏迷、呼吸中枢麻痹致其死亡。故食品中有机磷农药残留量的测定是一重要检测项目。

文献报道的有机磷农药残留分析方法包括色谱法、波谱法和酶抑制法三大类，其他尚有免疫学分析法、生物传感器法等快速检测方法。目前色谱法中的气相色谱和高效液相色谱应用得最多。AOAC 在 20 世纪 80 年代就对大部分有机磷农药建立了气相色谱分析方法。近年来，AOAC 又对近半数有机磷农药建立了高效液相色谱检测方法。我国食品安全检验方法标准国家标准《植物性食品中有机磷和氨基甲酸酯类农药多种残留的测定》（GB/T 5009.145—2003）采用的是气相色谱检测有机磷农药残留，适用于粮食、蔬菜中有机磷和氨基甲酸酯类农药的检测，另外还有《食品中有机磷农药残留量的测定》（GB/T 5009.20—2003）等标准。

项目实施

任务1　食品中有机氯农药残留气相色谱分析

一、目的

1. 掌握有机氯农药测定的样品的处理方法和分析原理。
2. 熟悉操作方法和注意事项。

二、原理

样品中有机氯农药经提取、净化后用气相色谱法测定,与标准有机氯农药比较定量。电子捕获检测器对于负电极性强的化合物具有较高的灵敏度,利用这一特点,可分别测出痕量的六六六和DDT,不同异构体和代谢物也可同时分别测定。

三、仪器与试剂

1. 仪器
(1) 气相色谱仪:具电子捕获检测器。
(2) 旋转蒸发器。
(3) 氮气浓缩器。
(4) 匀浆机。
(5) 调速多用振荡器。
(5) 离心机。
(6) 植物样本粉碎机。

2. 试剂
(1) 丙酮(CH_3COCH_3):分析纯,重蒸。
(2) 正己烷($n-C_6H_{14}$):分析纯,重蒸。
(3) 石油醚:沸程30~60 ℃,分析纯,重蒸。
(4) 苯(C_6H_6):分析纯。
(5) 硫酸(H_2SO_4):优级纯。
(6) 无水硫酸钠(Na_2SO_4):分析纯。
(7) 硫酸钠溶液:20 g/L。

（8）农药标准贮备液：精密称取 α-BHC、β-BHC、γ-BHC、δ-BHC、p,p'-DDE、o,p'-DDT、p,p'-DDD、p,p'-DDT 各 10 mg，溶于苯中，分别移入 100 mL 容量瓶中，以苯稀释至刻度，混匀，浓度为 100 mg/L 贮于冰箱。

（9）农药混合标准工作液：分别量取上述各标准贮备液置于同一容量瓶中，以正己烷稀释至刻度。α-BHC、γ'-BHC、δ-BHC 的浓度为 0.005 mg/L，β-BHC 和 p,p'-DDE 的浓度为 0.01 mg/L，o,p'-DDT 的浓度为 0.05 mg/L，p,p'-DDD 的浓度为 0.02 mg/L，p,p'-DDT 的浓度为 0.1 mg/L。

四、实验步骤

1. 样品的制备

谷类制成粉末，其制品制成匀浆；蔬菜、水果及其制品制成匀浆；蛋品去壳制成匀浆；肉品去皮、筋后，切成肉糜；鲜乳混匀待用；食用油混匀待用。

2. 样品的提取

（1）称取具有代表性的各类食品样品匀浆 20 g，加水 5.00 mL（视样品水分含量加水，使总水量约 20 mL）加丙酮 40.00 mL，振荡 30 min，加氯化钠 6 g，摇匀。加石油醚 30.00 mL，再振荡 30 min，静置分层。取上清液 35.00 mL 经无水硫酸钠脱水，于旋转蒸发器中浓缩至近干，以石油醚定容至 5.00 mL，加浓硫酸 0.50 mL 净化，振摇 0.5 min，于 3 000 r/min 离心 15 min，取上清液进行 GC 分析。

（2）称取具有代表性的 2 g 粉末样品，加石油醚 20.00 mL，再振荡 30 min，过滤，浓缩，定容至 5.00 mL，加浓硫酸 0.50 mL 净化，振摇 0.5 min，于 3 000 r/min 离心 15 min，取上清液进行 GC 分析。

（3）称取具有代表性的食用油试样 0.5 g，以石油醚溶解于 10.00 mL 刻度试管中，定容至刻度。加入 1.00 mL 浓硫酸净化，振摇 0.5 min，于 3 000 r/min 离心 15 min，取上清液进行 GC 分析。

3. 气相色谱测定

（1）填充

色谱柱条件：内径 3～4 mm，长 2 m 的硬质玻璃管，内装涂以 15 g/L OV-17 和 20 g/L QF-1 混合固定液的 80～100 目白色硅藻土载体；载气：高纯氮，流速 110 mL/min；柱温 185 ℃；检测器温度 225 ℃；进样口温度 195 ℃。进样量为 1 μL～20 μL。外标法测定。

（2）标准曲线的绘制

吸取 BHC 与 DDT 混合液 1、2、3、4、5 分别进样，根据各农药组分含量（ng）

与其相对应的峰面积（或峰高），绘制各农药组分的标准曲线。

（3）样品测定

吸取样品处理液 1.0～5.0 μL 进样，据其峰面积于 BHC 与 DDT 各异构体的标准曲线上查出相应的组分含量（ng）。

五、定性定量分析

（1）定性分析

根据标准 BHC 与 DDT 的各个异构体的保留时间进行定性。BHC 与 DDT 的各个异构体出峰顺序为 α - BHC、β - BHC、γ - BHC、δ - BHC、p，p′- DDE、o，p - DDT、p，p′- DDD、p，p′- DDT（图 2 - 18 所示）

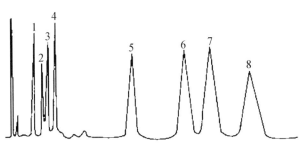

图 2 - 18　BHC、DDT 标准物的气相色谱图

1—α-BHC　2—β-BHC　3—γ-BHC　4—δ-BHC

5—p，p′-DDE　6—o，p-DDT　7—p，p′-DDD　8—p，p′-DDT

（2）定量计算

采用多点校正的外标方法进行定量计算，计算公式如下：

$$X = \frac{A_1}{A_2} \times \frac{m_1}{m} \times \frac{V}{V_1} \times \frac{1\,000}{1\,000}$$

式中：X——食品样品中 BHC、DDT 及其异构体的单一残留量，mg/kg（mg/L）；

A_1——被测定试样各组分的峰值（峰高或面积）；

A_2——各农药组分标准的峰值（峰高或峰面积）；

V_1——样液进样体积，μL；

V——样品净化后浓缩液体积，mL；

m_1——单一农药标准溶液的含量，ng；

m——样品质量（或体积），g（或 mL）。

最后将 BHC、DDT 的不同异构体或衍生物的单一含量相加，即得出样品中有机氯农药 BHC、DDT 的总量。

六、实验说明及注意事项

1. 本法灵敏度高、分离效率高、分析速度快,可同时分离鉴定 BHC 和 DDT 的各种异构体,适用于土壤、粮食、果蔬、肉、蛋、乳等及其制品中的有机氯农药的测定,为国家标准方法。

2. 色谱柱要使用硬质玻璃柱,若采用不锈钢柱,金属易引起农药分解。

3. 分析液体样品中有机氯农药采样时,应用玻璃瓶,不能用塑料瓶,因塑料瓶对有机氯农药测定有严重影响。如 DDT 会因吸附损失等因素而降低,BHC 则因塑料释放出干扰物质而使结果增高。

4. 在重复性条件下获得的两次独立测定结果的绝对差值不得超过算术平均值的 15%。

本法是参照国家相关标准:GB/T 5009.19—2008《食品中有机氯农药残留量的测定》。

任务 2　食品中有机磷农药残留气相色谱分析

一、目的

1. 掌握有机磷农药测定的样品的处理方法和原理。
2. 熟悉操作方法和注意事项。

二、原理

食品中残留的有机磷农药经有机溶剂提取并净化、浓缩后,注入气相色谱仪,汽化后在载气携带下于色谱柱中分离,并由火焰光度检测器检测。当含有机磷样品在检测器中的富氢火焰上燃烧时,以 HPO 碎片的形式,放射出波长为 526 nm 的特征光。这种光通过滤光片选择后,由光电倍增管接收,转换成电信号,经微电流放大器放大后,由记录仪记录下色谱峰。通过比较样品的峰高和标准品的峰高,计算出样品中有机磷农药的残留量。

三、仪器与试剂

1. 实验仪器

(1) 气相色谱仪,附火焰光度检测器。

(2) 电动振荡器。

(3) K-D 浓缩器。

2. 实验试剂

(1) 二氯甲烷。

(2) 丙酮。

(3) 无水硫酸钠经 650 ℃灼烧 4 h 后储存于密封瓶中备用。

(4) 50 g/L 硫酸钠溶液：称取 5 g 硫酸钠，用少量水溶解并稀释至 100 mL。

(5) 中性氧化铝：色谱用，经 300 ℃活化 4 h 后备用。

(6) 活性炭：称取 20 g 活性炭，用 3 mol/L HCl 浸泡过夜，抽滤后，用水洗至无氯离子，于 120 ℃下烘干备用。

(7) 有机磷农药标准储备液：精密称取有机磷农药标准品敌敌畏、乐果、马拉硫磷、对硫磷、甲拌磷、稻瘟净、倍硫磷、杀螟硫磷及虫螨磷各 10.0 mg，分别置于 10 mL 容量瓶中，用苯（或氯仿）溶解并稀释至 100 mL。此溶液含农药 1 mg/mL，作为储备液储存于冰箱中。

(8) 有机磷农药标准混合溶液：临用时，用二氯甲烷将有机磷标准储备液稀释成两组标准混合溶液。各有机磷农药浓度为：第一组每毫升含敌敌畏、乐果、马拉硫磷、对硫磷、甲拌磷各 1 μg；第二组每毫升含稻瘟净、倍硫磷、杀螟硫磷、虫螨磷各 2 μg。

(9) 有机磷农药系列标准混合溶液：分别吸取 2 组有机磷标准混合溶液 0.00 mL、0.20 mL、0.40 mL、0.60 mL、0.80 mL、1.00 mL 于 2 组 6 个 10 mL 容量瓶中，用二氯甲烷分别稀释至刻度。此系列标准混合液中第一组含敌敌畏、乐果、马拉硫磷、对硫磷、甲拌磷等各种农药的系列浓度均依次为 0.00 μg/mL、0.02 μg/mL、0.04 μg/mL、0.06 μg/mL、0.08 μg/mL、0.10 μg/mL；第二组含稻瘟净、倍硫磷、杀螟硫磷、虫螨磷等各种农药的系列浓度均依次为 0.00 μg/mL、0.04 μg/mL、0.08 μg/mL、0.12 μg/mL、0.16 μg/mL、0.20 μg/mL。

此系列标准混合溶液应根据 GC 仪的灵敏度于临用前配制。

四、实验步骤

1. 样品预处理

a. 蔬菜：将蔬菜切碎混匀。称取 10 g 混匀的样品置于 250 mL 具塞锥形瓶中，加 30～100 g 无水硫酸钠（视蔬菜含水量而定）脱水，剧烈振摇后，如有固体 Na$_2$SO$_4$ 存在，说明所加无水 Na$_2$SO$_4$ 已够，加 0.2～0.8 g 活性炭（视蔬菜色素含量而定）脱色。加 70 mL 二氯甲烷在振荡器上振摇 0.5 h，经滤纸过滤，量取 35 mL 滤液于通风柜中室温自然挥发至近干。用二氯甲烷少量多次研洗残渣，移入 10 mL（或 5 mL）具塞刻度试管中，并定容至 2 mL 备用。

b. 粮食:将样品磨粉(稻谷先脱壳),过 20 目筛,混匀。称取 10 g 置于具塞锥形瓶中,加入 0.5 g 中性氧化铝(小麦、玉米再加 0.2 g 活性炭)及 20 mL 二氯甲烷,振摇 0.5 h,过滤,滤液直接进样。若农药残留量过低,则加 30 mL 二氯甲烷,振摇过滤,量取 15 mL 滤液经 K-D 浓缩器浓缩并定容至 2 mL 进样。

c. 植物油:称取 5 g 混匀的样品,用 50 mL 丙酮分次溶解并洗入分液漏斗中,摇匀后加 10 mL 水,轻轻旋转振摇 1 min,静置 1 h 以上,弃去下面析出的油层,上层溶液自分液漏斗上口倾入另一分液漏斗中,当心尽量不使剩余的油滴倒入(如乳化严重,分层不清,则放入 50 mL 离心管中,于 2 500 r/min 转速下离心 0.5 h,用滴管吸出上层清液)。加 30 mL 二氯甲烷,100 mL 50 g/L Na_2SO_4 溶液,振摇 1 min,静置分层后,将二氯甲烷层移至蒸发皿中,丙酮水溶液再用 10 mL 二氯甲烷提取一次,分层后,合并入蒸发皿中,自然挥发后,用二氯甲烷少量多次研洗蒸发皿中残渣,并入具塞量筒中,并定容至 5 mL。加 3 g 无水硫酸钠振摇脱水,再加 1 g 中性氧化铝、0.2 g 活性炭(毛油可加 0.5 g)振摇、脱色、过滤,滤液可直接进样。

2. 色谱分析条件

(1) 色谱柱:玻璃柱,内径 3 mm,长 2.0 m。

① 分离测定敌敌畏、乐果、马拉硫磷和对硫磷的色谱柱固定相为:

载体:60~80 目 Chromosorb W AW DMCS。

固定液:25 g/L SE-30/30 g/L QF-1 混合固定液或 15 g/L OV-17/20 g/L QF-1 混合固定液或 20 g/L OV-101/20 g/L QF-1 混合固定液。

② 分离测定甲拌磷、虫螨磷、稻瘟净、倍硫磷和杀螟硫磷的色谱柱固定相为:

载体:60~80 目 Chromosorb W AW DMCS。

固定液:30 g/L PEGA/50 g/L QF-1 混合固定液或 20 g/L NPGA/30 g/L QF-1 混合固定液。

(2) 气流速度 载气(N_2)80 mL/min;空气 50 mL/min;氢气 180 mL/min。(N_2、空气、H_2 之比应按各 GC 仪型号不同选择各自最佳比例条件)

(3) 温度进样口 220 ℃;检测器 240 ℃;柱温 180 ℃(敌敌畏为 130 ℃)。

3. 测定

将各浓度的两组标准混合液 2~5 μL 分别注入气相色谱仪中,在各组色谱分析条件下可测得不同浓度的各有机磷农药标准溶液的峰高,以峰高为纵坐标、农药浓度为横坐标,分别绘制各标准有机磷农药的标准曲线。

同时取样品溶液 2~5 μL,注入气相色谱仪中,测得峰高,并从对应的标准曲线上查出相应的含量。

4. 定性定量

（1）定性分析

通过比较样品中各组分与标准有机磷农药的保留时间，进行定性分析。

（2）定量计算

样品中各有机磷农药含量可按下式计算：

$$X = \frac{m_1 \times V}{m \times V_1}$$

式中：X——样品中各有机磷农药含量，mg/kg；

V——样液浓缩后总体积，μL；

V_1——样液进样体积，μL；

m_1——进样体积中各有机磷农药含量（由相应标准曲线上查得），μg；

m——样品质量，g。

五、说明及注意事项

1. 国际上多用乙腈作为有机磷农药的提取试剂及分配净化试剂，如 AOAC、FDA 等采取与有机氯农药提取净化大致相同的方法来提取、净化有机磷农药，即用乙腈或石油醚提取，用乙腈/水分配或乙腈/石油醚分配等方法净化。但乙腈毒性大，价格贵，且不易购买，故本法采用二氯甲烷提取，并在提取时根据样品性状加适量无水 Na_2SO_4、中性氧化铝、活性炭以脱水、脱油、脱色，基本上一次完成提取、净化的目的。另有用各种吸附柱（如弗罗里硅土柱、活性炭柱等）或用扫集共蒸馏等方法净化。

2. 本法采用火焰光度检测器，对含磷化合物具有高选择性和高灵敏度，并且对有机磷检出极限比碳氢化合物高 10 000 倍，故排除了大量溶剂和其他碳氢化合物的干扰，有利于痕量有机磷农药的分析。本法适用于粮食、果蔬、食用植物油中常见有机磷农药残留量的测定，为国家标准方法，最低检出量为 0.1～0.25 ng。

3. 分析测定有机磷农药时，由于农药的性质不同，故应注意担体与固定液的选择。一般原则是：被分离的农药是极性化合物，则选择极性固定液；若被分离的农药是非极性化合物，则选择非极性固定液。若选择前者，各农药的出峰顺序一般为极性小的农药先出峰，极性大的农药后出峰；若选择后者，则按沸点高低出峰，低沸点的化合物先出峰。

4. 有些热稳定性差的有机磷农药（如敌敌畏）在用气相色谱仪测定时比较困难，主要原因是易被相体所吸附，同时因对热不稳定而引起分解。故可采用缩

短色谱柱至 $1\sim1.3$ m,或减小固定液涂渍的厚度和降低操作温度等措施来克服上述困难。

思考题

1. 何为农药残留? 食品中常见的农药残留有哪些? 常采用什么方法测定?
2. 食品中有机氯、有机磷农药是如何提取、净化和浓缩的?
3. 气相色谱法测定食品中有机氯和有机磷农药的原理分别是什么? 二者有何不同?

项目二　食品中兽药残留的测定

学习目标

一、知识目标

1. 熟悉国家标准检测方法及相关文献的检索知识。
2. 熟悉兽药的一般知识。
3. 熟悉常见兽药的分析方法。

二、能力目标

1. 能利用多种手段查阅常见兽药测定的方法。
2. 了解常见四环素、氯霉素和雌激素的测定方法。

项目相关知识

一、概述

兽药是指用于预防、治疗、诊断动物疾病或有目的地调节动物生理机能的物质(含药物饲料添加剂),主要包括血清制品、疫苗、诊断制品、微生态制品、中药材、中成药、化学药品、抗生素、生化药品、放射性药品、外用杀虫剂及消毒剂等。

兽药残留是指动物用药后,动物产品的任何可食部分中与所有药物有关的物质的残留,包括原型药物或其代谢产物。在动物源食品中较容易引起兽药残留超标的兽药主要有抗生素类、磺胺类、呋喃类、抗寄生虫类和激素类药物。产生兽药残留超标的主要原因有不遵守休药期的规定、非法使用违禁药物、不合理用药等。休药期是指从停止给药到允许动物或其产品上市的间隔时间。未能遵守休药期是兽药残留超标的主要原因。非法使用违禁药物是指在养殖过程中不遵守用药规定,违法使用国家明令禁止的兽药。不合理用药是指滥用药物或兽药添加剂,重复、超量使用兽药和用药方式方法不规范。大量、频繁或不规则使用抗生素,可使动物机体中的敏感菌株受到选择性抑制,细菌产生耐药性,使耐药菌株大量繁殖。长期低剂量使用抗生素,也可使某些细菌发生基因变异而产生耐药性,动物机体中的耐药致病菌容易感染人类,另外人类经常食用含药物残留的动物性产品,动物产品中的抗生素转移至人体,加速人体耐药菌的进化,当人体发生感染性疾病时,给临床治疗带来困难。其次,抗生素本身的毒副作用,如中毒、过敏、"三致作用"等对人体健康产生危害。

在养殖业中常用的激素主要有性激素、皮质醇类激素等,目前,许多研究表明,己烯雌酚等激素类药在动物源食品中的残留超标可极大的危害人类健康。

为加强兽药残留的监控工作,保证动物性食品的食品安全,农业部根据《兽药管理条例》规定,组织编制了《动物性食品中兽药最高残留限量》,并于2002年12月24日以农业部235号公告形式发布。我国从1999年开始农业部在全国范围组织实施国家兽药残留监控计划,主要监控我国禁用兽药和常用兽药,使我国动物性食品中兽药残留情况呈好转趋势,但近年来由于我国畜牧业的发展,各养殖企业养殖条件的差异和利益驱使等因素的影响,兽药残留超标现象时有发生,因此测定兽药残留有很重要的意义。

二、常见的兽药种类及检测方法

1. 四环素族抗生素及检测

临床上应用的四环素族抗生素(Tetracyclines)主要是四环素(Tetracycline)、土霉素(Oxytetracycline)、金霉素(chlortetracyline)。四环素族的化学结构具有共同的骨架,四环素族均为酸碱两性化合物,本身及其盐类都是黄色或淡黄色的晶体,在干燥状态下极为稳定。除金霉素外,其他四环素族的水溶液相当稳定。四环素族能溶于稀酸、稀碱等,略溶于水和低级醇类,但不溶于醚及石油醚。

在畜禽生产中,四环素族药物被广泛作为药物添加剂,用于防治肠道感染、促生长和提高奶牛产奶量,同时也被广泛应用于水产养殖和养蜂中预防和治疗多种感染性疾病。四环素族药物主要以原型经肾小球过滤排出,残留药物能沉积于骨及牙组织内,与新形成骨、牙中所沉积的钙相结合,导致牙齿持久成黄色,俗称"四环素牙",使出生的幼儿乳牙釉质发育不全并出现黄色沉积,引起畸形或生长抑制。四环素类药物还在肝组织中富集,造成肝损害,还可造成过敏反应、二重感染、致畸胎作用。造成的食品残留给人们身体健康带来隐患。因此在食品分析过程中,监测四环素的含量有重要意义。

四环素族药物残留检测方法主要有微生物法、色谱法、毛细管电泳法、免疫分析法、分析技术联用法(如 HPLC - MS、TLC - IAS 等)。

微生物法是目前公认而又广泛应用的测定四环素族抗生素残留的经典方

法,此法原理和操作相对简单,费用低,但是测定所花费的时间较长,易受到其他抗生素干扰,缺乏专一性和精确度;色谱法特别是高效液相色谱法(HPLC)是目前测定四环素族抗生素药物残留最常用的检测方法,具有高效、快速、灵敏度高等特点,这 2 种方法都属于国家标准(GB/T 5009.95—2003、GB/T 5009.116—2003)分析方法。

2. 氯霉素及检测

氯霉素(chloramphenicol)分子中含有对位硝基苯基团、丙二醇及二氯乙酰胺基。氯霉素为白色或无色的针状或片状结晶,熔点 149.7～150.7 ℃,易溶于甲醇、乙醇、丙醇及乙酸乙酯,微溶于乙醚及氯仿,不溶于苯及石油醚。氯霉素极稳定,其水溶液经 5 小时煮沸也不失效。

氯霉素作为一种广谱抗生素广泛用于畜牧生产,其在食物中容易残留。氯霉素存在严重的副作用,能引起人的再生障碍性贫血、粒状白细胞缺乏症等疾病。为此,欧美等发达国家相继禁止或严格限制使用氯霉素。欧盟规定氯霉素的最高残留限量(MRL)为 0.01 mg/kg,韩国则规定动物组织中不得检出氯霉素,我国也规定氯霉素在所有动物性产品中的 MRL 为零。

氯霉素的测定方法有放射免疫法、酶联免疫法、微生物法和气相色谱法、气相色谱-质谱法和高效液相色谱法。微生物法选择性低,易产生假阳性;放射免疫法操作复杂,所需试剂昂贵;气相色谱-质谱法(GB/T 18932.20—2003)因具有灵敏度高、选择性强、特有的定性功能等优点成为分析氯霉素的主要手段。

3. 雌激素及检测

雌激素是由内分泌系统产生的类固醇性激素,是生物体内一类必不可少的微量有机物质。它们对机体的代谢和各种正常生命活动、对人类及动物的生殖、骨骼以及大脑的发育均有密不可分的关系。雌激素主要包括雌二醇、雌三醇、雌酮及人工合成的己烯雌酚。

兽医临床及畜牧业生产应用此类药物主要用于补充体力不足、产科病防治、同期发情及促进畜禽繁殖等。近海海产品养殖过程中,为使海产品早熟而使用添加含有激素成分的饲料。人们长期食用含低剂量雌激素的动物性食品,由于积累效应,有可能干扰人体的激素分泌体系和身体正常机能,引起儿童性早熟和患肥胖症、引发乳腺癌、子宫内膜癌等问题,由于这类激素的残留对人体健康的影响,1979 年美国下令停止使用己烯雌酚作肉牛饲料添加剂。1980 年FAO/WHO 决定全面禁用己烯雌酚等人工合成类雌激素化合物。

雌激素的检测方法有光谱法、气相色谱法、高效液相色谱法及免疫法,在国家级的标准中,商检局颁布了有关出口肉及肉制品中关于雌二醇、雌三醇及己烯雌酚残留量的放射免疫法(SN 0664 - 1997、SN 0665 - 1997、SN 0672 - 1997)，农业部颁布了用 HPLC 方法测定饲料中的雌二醇残留量(NY/T 918 - 2004)。

项目实施

任务1　动物性食品中四环素类抗生素残留的测定——高效液相色谱法

一、目的

1. 掌握动物性食品中四环素类抗生素测定的样品处理和检测原理。
2. 熟悉操作方法和注意事项。

二、原理

样品中四环素族抗生素残留用缓冲液提取，经过滤和离心后，上清液用固相萃取柱净化，用高效液相色谱仪测定，外标峰面积法定量。

三、仪器与试剂

1. 仪器

高效液相色谱仪。

2. 试剂

除说明外，所用试剂均为分析纯，水为双蒸水。

(1) 甲醇：色谱纯。

(2) 乙腈：色谱纯。

(3) 乙酸乙酯。

(4) 乙二胺四乙酸二钠($Na_2EDTA \cdot 2H_2O$)。

(5) 三氟乙酸。

(6) 柠檬酸($C_5H_8O_7 \cdot H_2O$)。

(7) 磷酸氢二钠($Na_2HPO_4 \cdot 12H_2O$)。

(8) 柠檬酸溶液：0.1 mol/L，称取 21.01 g 柠檬酸，用水溶解，定容至 1 000 mL。

(9) 磷酸氢二钠溶液：0.2 mol/L，称取 28.41 g 磷酸氢二钠，用水溶解，定容至 1 000 mL。

(10) Mcllvaine 缓冲溶液：将 1 000 mL 0.1 mol/L 柠檬酸与 625 mL 0.2 mol/L

磷酸氢二钠溶液混合,必要时用氢氧化钠或盐酸调节 pH 为 4.0±0.05。

(11) Na$_2$EDTA-Mcllvaine 缓冲溶液:0.1 mol/L,称取 60.50 g 乙二胺四乙酸二钠放入 1 625 mL Mcllvaine 缓冲溶液中,使其溶解,摇匀。

(12) 甲醇+水(1:19):量取 5 mL 甲醇与 95 mL 水混合。

(13) 甲醇+乙酸乙酯(1:9):量取 10 mL 甲醇与 90 mL 乙酸乙酯混合。

(14) 三氟乙酸水溶液(10 mmol/L):准确吸取 0.765 mL 三氟乙酸于 1 000 mL 容量瓶中,用水溶解并定容。

(15) 甲醇+三氟乙酸水溶液(1:19):量取 50 mL 甲醇与 950 mL 三氟乙酸水溶液混合。

(16) 混合标准工作溶液:称取二甲胺四环素、土霉素、四环素、金霉素各 10.0 mg,分别用甲醇溶解并定容至 100 mL。浓度相当于 100 mg/L 储备液,用甲醇+三氟乙酸水溶液将标准储备液配制成适当浓度的混合标准工作溶液。

四、实验步骤

1. 提取

(1) 动物肝脏、肾脏、肌肉组织、水产品

取粉碎均质样品 5 g,置于 50 mL 聚丙烯离心管中,分别用约 20 mL、20 mL、10 mL 0.1 mol/L 的 EDTA-Mcllvainc 缓冲液冰水浴超声提取三次,每次旋涡混合 1 min,超声提取 10 min,3 000 r/min 离心 5 min,合并上清液并定容至 50 mL,混匀,5 000 r/min 离心 10 min,用快速滤纸过滤待净化。

(2) 牛奶

称取混匀试样 5 g,置于 50 mL 比色管中,用 0.1 mol/L 的 EDTA-Mcllvainc 缓冲液溶解并定容至 50 mL,旋涡混合 1 min,转移至 50 mL 聚丙烯离心管中,冷却至 0~4 ℃,5 000 r/min 离心 10 min,用快速滤纸过滤待净化。

2. 净化

准确吸取 10 mL 提取液以 1 滴每秒的速度过 HLB 固相萃取柱,待样液完全流出后,依次用 5 mL 水和 5 mL 甲醇+水淋洗,弃去全部流出液。2.0 kPa 以下减压抽干 5 min,最后用 10 mL 甲醇+乙酸乙酯洗脱。将洗脱液用氮吹浓缩至干,用 0.5 mL 甲醇+三氟乙酸水溶液溶解残渣,过 0.45 μm 滤膜,待测定。

3. 高效液相色谱法测定

(1) 液相色谱条件

色谱柱:Incrotsil C$_8$-3,5 μm,250 mm×4.6 mm;

流动相:甲醇+乙腈+10 mol/L 三氟乙酸;

分离 7 种四环素药物的液相色谱流动相洗脱梯度如表 2-15。

表 2-15　液相色谱流动相洗脱梯度表

时间/min	甲醇/%	乙腈/%	10 mol/L 三氟乙酸/%
0	1	4	95
5	6	24	70
9	7	28	65
12	0	35	65
15	0	35	65

柱温:30 ℃;

进样量:100 μL;

检测波长:350 nm;

检测器:紫外检测器。

(2) 高效液相色谱法测定

根据样液中被测四环素类兽药残留的含量情况,选定峰高相近的标准工作溶液。标准工作溶液和样液中四环素类兽药残留的响应值均应在仪器的检测线性范围内。对标准工作溶液和样液等体积参插进样测定。在上述色谱条件下,二甲胺四环素、土霉素、四环素、金霉素的参考保留时间分别为 6.3 min、7.5 min、7.9 min、9.8 min。

空白试验,除不加试样外,均按上述步骤进行。

五、结果计算

用外标法定量,按下列公式计算:

$$X = \frac{A_x \times c_s \times V}{A_s \times m}$$

式中:X——样品中待测组分的含量,μg/kg;

　　　A_x——测定液中待测组分的峰面积;

　　　c_s——标准液中待测组分的含量,μg/L;

　　　V——定容体积,mL;

　　　A_s——标准液中待测组分的峰面积;

　　　m——最终样液所代表的样品质量,g。

任务 2　气相色谱-质谱法(GC-MS)测定氯霉素

一、目的

1. 掌握氯霉素测定的样品处理和检测原理。

2. 熟悉操作方法和注意事项。

二、原理

蜂蜜中的氯霉素经乙酸乙酯提取后,提取液经浓缩再用水溶解,Oasis HLB 固相萃取柱净化,经硅烷化后用气相色谱-质谱仪测定,外标法定量。

三、仪器与试剂

1. 仪器
气相色谱-质谱仪。

2. 试剂

(1) Oasis HLB 固相萃取柱或相当者:60 mg,3 mL。使用前分别用 3 mL 甲醇和 5 mL 水预处理,保持柱体湿润。

(2) 硅烷化试剂:吡啶-六甲基二硅氮烷-三甲基氯硅烷(9∶3∶1)。

(3) 氯霉素标准贮备液:用甲醇配制成 0.1 mg/mL 贮备液,4 ℃冰箱中保存,可使用 2 个月。

标准工作溶液:选择不含氯霉素的蜂蜜样品 5 份,按后文所叙的方法提取及净化后,制成蜂蜜空白样品提取液,用这 5 份提取液分别配制成氯霉素浓度为 0.4、1.0、3.0、10.0、20.0 ng/mL 溶液,待硅烷化后配成标准工作溶液,4 ℃冰箱中保存,可使用 1 周。

四、实验步骤

1. 试样制备及提取

无结晶的蜂蜜搅拌均匀取样,结晶蜂蜜则置于不超过 60 ℃水浴中温热,振荡,待样品融化后搅匀,迅速冷却至室温,分出 0.5 kg 作为试样,常温保存,待用。

称取 5 g 试样,置于 50 mL 具塞离心管中,加 5 mL 水,快速混合 1 min,使其完全溶解,加入 15 mL 乙酸乙酯,在振荡器上振荡 10 min,在 3 000 r/min 离心 10 min,吸取上层乙酸乙酯 12 mL。转入自动浓缩仪的蒸发管中,用自动浓缩仪在 55 ℃减压蒸干,加入 5 mL 水溶解残渣,待净化。

2. 净化

将提取液移入下接 Oasis HLB 柱的贮液器中,溶液以≤3 mL/min 的流速通过萃取柱,待溶液完全流出后,用 5 mL 水洗蒸发管并过柱两次,然后用 5 mL 乙腈水溶液(1∶7)洗柱,弃去全部淋出液。在 65 KPa 的负压下,减压抽干

10 min,最后用 5 mL 乙酸乙酯洗脱,收集洗脱液于 10 mL 具塞试管中,在 50 ℃ 水浴中用氮气吹干仪吹干,待硅烷化。

3. 硅烷化

在上述试管中加入 50 μL 硅烷化试剂,混合 0.5～1 min,立即用正己烷定容至 1 mL,待测定。

4. 测定

定性:进行样品测定时,如果检出的色谱峰的保留时间与标准样品相一致,并且在扣除背景后的样品质谱图中,所选择的离子均出现,而且所选择的离子比与标准品衍生物的比相一致,则可判断样品中存在氯霉素。

定量:用配制的标准工作溶液分别进样,绘制峰面积对样品浓度的标准工作曲线,仪器测定以 m/z 466 为定量离子,用标准曲线对样品进行定量,样品溶液中氯霉素衍生物的响应值均应在仪器测定的线性范围内。在上述色谱条件下,氯霉素衍生物参考保留时间约为 12.3 min。

五、结果计算

按下式进行计算:

$$X = \rho \times \frac{V \times 1\,000}{m \times 1\,000}$$

式中:X——试样中氯霉素残留量,μg/kg;

ρ——从标准曲线上得到的被测组分溶液质量浓度,ng/mL;

V——样品溶液定容体积,mL;

m——样品溶液所代表试样的质量,g。

任务3 高效液相色谱测定雌二醇

一、目的

1. 掌握雌二醇测定的样品处理和检测原理。
2. 熟悉操作方法和注意事项。

二、原理

用甲醇提取样品中的雌二醇,取部分提取液过 C_{18} 萃取柱,用水淋洗杂质,乙腈洗脱,以乙腈+水(40:60)为流动相,用高效液相色谱仪于 280 nm 处检测,以色谱峰面积积分值定量。

三、仪器与试剂

1. 仪器设备

C_{18} 萃取柱、高效液相色谱仪。

2. 实验试剂

(1) 雌二醇标准贮备液:称取雌二醇,用甲醇配制成 250 μg/mL,4 ℃保存。

标准工作液:吸取一定量的标准贮备液,用甲醇配制成 2.5、5.0、10.0、12.5、15.0、20.0、25.0 μg/mL 的标准工作液。

(2) C_{18} 萃取柱 250 mg/mL。

四、实验步骤

1. 提取

称取 10 g 试样,置于具塞锥形瓶中,加 50 mL 甲醇,振荡 30 min。

2. 净化

加 5 mL 甲醇于 C_{18} 萃取柱,流完后,加 5 mL 水洗,取提取液 1～2 mL,加 3 mL 水混合后,过萃取柱(流速约 1 mL/min),用 3 mL 水淋洗后,用 1 mL 乙腈洗脱,收集洗脱液。

3. 测定

用配制的标准工作溶液和样品溶液分别进样,绘制峰面积对样品浓度的标准工作曲线,仪器测定,用标准曲线对样品进行定量,样品溶液中雌二醇的响应值均应在仪器测定的线性范围内。

五、结果计算

按下式进行计算:

$$X = \frac{m_1}{m} \times n$$

式中:X——试样中雌二醇残留量,mg/kg;

$\quad m_1$——试样色谱峰对应的雌二醇的质量,μg;

$\quad m$——试样的质量,g;

$\quad n$——稀释倍数。

思考题

1. 何为兽药残留?食品中常见的兽药残留有哪些?

2. 食品中有抗生素残留是如何提取、净化和浓缩的?

项目三　食品中黄曲霉毒素的测定

学习目标

一、知识目标

1. 熟悉国家标准检测方法及相关文献的检索知识。
2. 熟悉食品中黄曲霉毒素的一般知识。
3. 熟悉黄曲霉毒素的测定方法。

二、能力目标

1. 能利用多种手段查阅黄曲霉毒素测定的方法。
2. 熟悉黄曲霉毒素的测定方法。

项目相关知识

黄曲霉毒素（Aflatoxin，简写为 AFT）是黄曲霉菌和寄生曲霉菌的代谢产物。目前，已发现的 20 多种 AFT 均为二呋喃香豆素的衍生物。根据其在波长 365 nm 紫外光下呈现不同颜色的荧光，分成 B（蓝紫色）、G（黄绿色）两大类；根据其 R_f 值不同，分为 B_1，B_2，G_1，G_2，M_1，M_2 等。

在各种黄曲霉素中，以 B_1 毒性最强，可诱发人类肝癌。1993 年，黄曲霉毒素被世界卫生组织（WHO）的癌症研究机构划定为 I 类致癌物，食品中以花生、玉米、牛乳及乳制品以及腌制肉类等最易被污染黄曲霉毒素。

1995 年世界卫生组织规定食品中黄曲霉毒素最高允许浓度为 15 $\mu g/g$，婴儿食品中不得检出；美国联邦政府有关法律规定人类消费食品和奶牛饲料中的总黄曲霉毒素含量（包括 $B_1 + B_2 + G_1 + G_2$）不能超过 15 $\mu g/kg$；欧盟国家的规定更加严格，要求人类生活消费品中的 B_1 的含量不超过 2 $\mu g/kg$，总量不超过 4 $\mu g/kg$；我国早在 1988 年建立的标准中就规定乳和乳制品中黄曲霉毒素的含量不得超过 0.5 $\mu g/kg$。

黄曲霉毒素是一组比较稳定的化合物，难溶于水、己烷、石油醚，可溶于甲醇、乙醇、氯仿、丙酮等。AFTB$_1$在中性、酸性溶液中很稳定,在 pH1～3 的强酸性中稍有分解,在 pH9～10 的环境中迅速分解,荧光消失,但这种反应可逆,酸性情况下又能产生带有蓝紫色荧光的 B$_1$。结晶 AFTB$_1$对热稳定,分解温度为268 ℃。

目前 AFTB$_1$的检测方法有薄层色谱法、酶联免疫吸附试验、高效液相色谱、高效液相色谱-质谱法、毛细管电泳等。

我国涉及黄曲霉毒素的限量及检测的国家标准有 GB/T 5009.22—2003 食品中黄曲霉毒素 B$_1$的测定第一法为薄层色谱法,第二法为酶联免疫吸附试验。GB/T 5009.23—2003 要求食品中黄曲霉毒素 B$_1$、B$_2$、G$_1$、G$_2$ 的测定第一法为薄层色谱法,第二法为微柱筛选法,第三法为高效液相色谱法。GB/T5009.24—2003 要求食品中黄曲霉毒素 B$_1$及 M$_1$测定采用薄层色谱法。

项目实施

任务 1　薄层色谱法测定食品中黄曲霉毒素 B$_1$

一、目的

1. 掌握黄曲霉毒素测定的样品处理和检测原理。
2. 熟悉操作方法和注意事项。

二、原理

样品经提取、浓缩、薄层分离后,在 365 nm 紫外光下,黄曲霉毒素 B$_1$、B$_2$产生蓝紫色荧光,黄曲霉毒素 G$_1$、G$_2$产生黄绿色荧光,根据其在薄层板上显示的荧光的最低检出量来定量。

三、仪器与试剂

1. 仪器
(1) 小型粉碎机。
(2) 样筛。
(3) 电动振荡器。
(4) 全玻璃浓缩器。
(5) 玻璃板:5 cm×20 cm。

（6）薄层板涂布器。

（7）展开槽：内长 25 cm、宽 6 cm、高 4 cm。

（8）紫外光灯：100～125 W，带有波长 365 nm 滤光片。

（9）微量注射器或血色素吸管。

2. 试剂

（1）次氯酸钠溶液（消毒用）

取 100 g 漂白粉，加入 500 mL 水，搅拌均匀，另将 80 g 工业用碳酸钠（$Na_2CO_3 \cdot 10H_2O$）溶于 500 mL 温水中，再将两液混合、搅拌、澄清后过滤。此滤液含次氯酸浓度约为 25 g/L。若用漂粉精制备，则碳酸钠的量可以加倍。所得溶液的浓度约为 50 g/L。污染的玻璃仪器用 10 g/L 次氯酸钠溶液浸泡半天或用 50 g/L 次氯酸钠溶液浸泡片刻后，即可达到去毒效果。

（2）苯-乙醇-水（46：35：19）展开剂

取此比例配制的溶液置于分液漏斗中，振摇 5 min，静置过夜。将上下层溶液分别置于具塞瓶中保存，上下层交界的溶液弃去不要。若溶液出现混浊，则在 80 ℃ 水浴中加热，待澄清后，即停止加热，取上层溶液作展开剂用。另取一定量的下层溶液置小皿中，再放于展开槽内。将薄层板放入展开槽内，预先饱和 10 min 后展开。

（3）硫酸（1：3）。

（4）苯-乙腈混合液：量取 98 mL 苯，加 2 mL 乙腈，混匀。

（5）甲醇-水溶液：55：45。

（6）黄曲霉毒素 B_1 标准溶液。

① 仪器校正　测定重铬酸钾溶液的摩尔消光系数，以求出使用仪器的校正因素。准确称取 25 mg 经干燥的重铬酸钾（基准级），用硫酸（0.5：1 000）溶解后并准确稀释至 200 mL，相当于 $c(K_2Cr_2O_7) = 0.000\ 4$ mol/L。再吸取 25 mL 此稀释液于 50 mL 容量瓶中，加硫酸（0.5：1 000）稀释至刻度，相当于 0.000 2 mol/L 溶液。再吸取 25 mL 此稀释液于 50 mL 容量瓶中，加硫酸（0.5：1 000）稀释至刻度，相当于 0.000 1 mol/L 溶液。用 1 cm 石英比色皿，在最大吸收峰的波长（接近 350 nm 处）用硫酸（0.5：1 000）作空白，测得以上三种不同浓度的摩尔溶液的吸光度，并按下式计算出以上三种浓度的摩尔消光系数的平均值。

$$E_1 = A/c$$

式中：E_1——重铬酸钾溶液的摩尔消光系数；

A——测得重铬酸钾溶液的吸光度；

    c——重铬酸钾溶液的浓度。

再以此平均数与重铬酸钾摩尔消光系数值 3 160 比较,即求出使用仪器的校正因素。

$$f = 3\ 160/E$$

式中:f——使用仪器的校正因素;

    E——测得的重铬酸钾摩尔消光系数平均值。

若 f 大于 0.95 或小于 1.05,则使用仪器的校正因素可忽略不计。

② 黄曲霉毒素 B_1 标准溶液的制备　准确称取 $1\sim1.2$ mg 黄曲霉毒素 B_1 标准品,先加入 2 mL 乙腈溶解,再用苯稀释至 100 mL,避光,置于 4 ℃冰箱保存。该标准液约为 10 μg/mL。用紫外分光光度计测此标准溶液的最大吸收峰的波长及波长的吸光度值。黄曲霉毒素 B_1 标准溶液的浓度按下式计算:

$$X = A \times M_r \times 1\ 000 \times f/E_2$$

式中:X——黄曲霉毒素 B_1 标准溶液的浓度,μg/mL;

    A——测得的吸光度;

    f——使用仪器的校正因素;

    M_r——黄曲霉毒素 B_1 的相对分子质量 312;

    E_2——黄曲霉毒素 B_1 在苯-乙腈混合液中的摩尔消光系数,19 800。

根据计算,用苯-乙腈混合液调到标准溶液浓度恰为 10.0 μg/mL,并用分光光度计核对其浓度。

③ 纯度的测定　取 5 μL 10 μg/mL 黄曲霉毒素 B_1 标准溶液,滴加于涂层厚度 0.25 mm 的硅胶 G 薄层板上,用甲醇-三氯甲烷(4:96)与丙酮-三氯甲烷(8:92)展开剂展开,在紫外光灯下观察荧光的产生,必须符合以下条件:在展开后,只有单一的荧光点,无其他杂质荧光点;原点上没有任何残留的荧光物质。

④ 黄曲霉毒素 B_1 标准使用液　准确吸取 1.00 mL 标准溶液(10 μg/mL)于 10 mL 容量瓶中,加苯-乙腈混合液至刻度,混匀,此溶液每毫升相当于 1.0 μg 黄曲霉毒素 B_1。吸取 1.00 mL 此稀释液,置于 5 mL 容量瓶中,加苯-乙腈混合液稀释至刻度,混匀,此溶液每毫升相当于 0.2 μg 黄曲霉毒素 B_1,再吸取黄曲霉毒素 B_1 标准溶液(0.2 μg/mL)1.00 mL 置于 5 mL 容量瓶中,加苯-乙腈混合液稀释至刻度,此溶液每毫升相当于 0.04 μg 黄曲霉毒素 B_1。

四、实验步骤

1. 取样

样品中污染黄曲霉毒素高的霉粒一粒就可以影响测定结果,而且有毒霉粒的比例小,同时分布不均匀。为避免取样带来的误差,必须大量取样,并将该大量样品粉碎,混合均匀,才有可能得到能代表一批样品的相对可靠的结果,因此,采样必须注意以下几点:

① 根据规定采取有代表性样品。

② 对局部发霉变质的样品检验时,应单独取样。

③ 每份分析测定用的样品应从大样经粗碎与连续多次用四分法缩减至0.5～1 kg,然后全部粉碎。粮食样品全部通过 20 目筛,混匀。花生样品全部通过 10 目筛,混匀。花生油和花生酱等样品不需制备,但取样时应搅拌均匀。必要时,每批样品可采取 3 份大样作样品制备及分析测定用,以观察所采样品是否具有一定的代表性。或将好、坏分别测定,再计算其含量。

2. 提取

(1) 玉米、大米、麦类、面粉、薯干、豆类、花生、花生酱等

甲法:称取 20.00 g 粉碎过筛样品(面粉、花生酱不需粉碎),置于 250 mL 具塞锥形瓶中,加 30 mL 正己烷或石油醚和 100 mL 甲醇-水溶液,在瓶塞上涂上一层水,盖严防漏。振荡 30 min,静置片刻,以叠成折叠式的快速定性滤纸过滤于分液漏斗中,待下层甲醇水溶液分清后,放出甲醇水溶液于另一具塞锥形瓶内。取 20.00 mL 甲醇水溶液(相当于 4 g 样品)置于另一 125 mL 分液漏斗中,加 20 mL 三氯甲烷,振摇 2 min,静置分层,如出现乳化现象可滴加甲醇促使分层。放出三氯甲烷层,经盛有约 10 g 预先用三氯甲烷湿润的无水硫酸钠的定量慢速滤纸过滤于 50 mL 蒸发皿中,再加 5 mL 三氯甲烷于分液漏斗中,重复振摇提取,将三氯甲烷层一并滤于蒸发皿中,最后用少量三氯甲烷洗过滤器,洗液并于蒸发皿中。将蒸发皿放在通风柜,于 65 ℃ 水浴上通风挥干,然后放在冰盒上冷却 2～3 min 后,准确加入 1 mL 苯-乙腈混合液(或将三氯甲烷用浓缩蒸馏器减压吹气蒸干后,准确加入 1 mL 苯-乙腈混合液)。用带橡皮头的滴管的管尖将残渣充分混合,若有苯的结晶析出,将蒸发皿从冰盒上取出,继续溶解、混合,晶体即消失,再用此滴管吸取上清液转移于 2 mL 具塞试管中。

乙法(限于玉米、大米、小麦及其制品):称取 20.00 g 粉碎过筛样品于250 mL 具塞锥形瓶中,用滴管吸取约 6 mL 水,使样品湿润,准确加入 60 mL 三氯甲烷,振荡 30 min,加 12 g 无水硫酸钠,振摇后,静置 30 min,用叠成折叠式的快速定性滤纸过滤于 100 mL 具塞锥形瓶中。取 12 mL 滤液(相当 4 g 样品)于蒸发皿中,在 65 ℃ 水浴上通风挥干,准确加入 1 mL 苯-乙腈混合液,用带橡皮头的滴管的管尖将残渣充分混合,若有苯的结晶析出,将蒸发皿从冰盒上取出,继续溶解、混合,晶体即消失,再用此滴管吸取上清液转移于 2 mL 具塞试管中。

（2）花生油、香油、菜油等

称取 4.00 g 样品置于小烧杯中，用 20 mL 正己烷或石油醚将样品移于 125 mL 分液漏斗中。用 20 mL 甲醇水溶液分次洗烧杯，洗液一并移入分液漏斗中，振摇 2 min，静置分层后，将下层甲醇-水溶液移入第二个分液漏斗中，再用 5 mL 甲醇-水溶液重复振摇提取一次，提取液一并移入第二个分液漏斗中，在第二个分液漏斗中加入 20 mL 三氯甲烷，以下按甲法中"振摇 2 min，静置分层"起，依法操作。

（3）酱油、醋

称取 10.00 g 样品于小烧杯中，为防止提取时乳化，加 0.4 g 氯化钠，移入分液漏斗中，用 15 mL 三氯甲烷分次洗涤烧杯，洗液并入分液漏斗中。以下按甲法中自"振摇 2 min，静置分层"起，依次操作，最后加入 2.5 mL 苯-乙腈混合液，此溶液每毫升相当于 4 g 样品。

（4）干酱类（包括豆豉、腐乳制品）

称取 20.00 g 研磨均匀的样品，置于 250 mL 具塞锥形瓶中，加入 20 mL 正己烷或石油醚与 50 mL 甲醇水溶液。振荡 30 min，静置片刻，以叠成折叠式的快速定性滤纸过滤，滤液静置分层后，取 24 mL 甲醇-水溶液（相当 8 g 样品，其中包括 8 g 干酱类本身约含有 4 mL 水的体积在内）置于分液漏斗中，加入 20 mL 三氯甲烷，以下按甲法中自"振摇 2 min，静置分层"起，依法操作。最后加入 2 mL 苯-乙腈混合液。此溶液每毫升相当于 4 g 样品。

（5）发酵酒类

同酱油、醋的提取，但不加氯化钠。

3. 测定

（1）单向展开法

① 薄层板的制备

称取约 3 g 硅胶 G，加相当于硅胶量 2～3 倍左右的水，用力研磨 1～2 min 至成糊状后立即倒于涂布器内，推成 5 cm×20 cm，厚度约 0.25 mm 的薄层板三块。在空气中干燥约 15 min 后，在 100 ℃活化 2 h，取出，放干燥器中保存。一般可保存 2～3 天，若放置时间较长，可活化后再使用。

② 点样

将薄层板边缘附着的吸附剂刮净，在距薄层板下端 3 cm 的基线上用微量注射器或血色素吸管滴加样液。一块板可滴加 4 个点，点距边缘和点间距约为 1 cm，点直径约 3 mm，在同一板上滴加点的大小应一致，滴加时可用吹风机用冷风边吹边加。滴加式样如下：

第一点:10 μL 黄曲霉毒素混合标准使用液Ⅲ。

第二点:20 μL 样液。

第三点:20 μL 样液+10 μL 黄曲霉毒素混合标准使用液Ⅲ。

第四点:20 μL 样液+10 μL 黄曲霉毒素混合标准使用液Ⅰ。

③ 展开与观察

在展开槽内加 10 mL 无水乙醚,预展 12 cm,取出挥干,再于另一展开槽内加 10 mL 丙酮-三氯甲烷(8:92),展开 10~12 cm,取出。在紫外光灯下观察结果,方法如下:

a. 于样液点上滴加黄曲霉毒素 B_1 标准使用液,可使黄曲霉毒素 B_1 标准点分别与样液中的黄曲霉毒素 B_1 荧光点重叠。如样液为阴性,薄层板上的第三点中黄曲霉毒素 B_1 为 0.000 4 μg,可用作检查在样液内黄曲霉毒素 B_1 的最低检出量是否正常出现。如为阳性,则起定性作用。薄层板上的第四点中黄曲霉毒素 B_1 为 0.002 μg,主要起定位作用。

b. 若第二点在与黄曲霉毒素 B_1 的相应位置上无蓝紫色荧光点,表示样品中黄曲霉毒素 B_1 含量在 5 μg/kg 以下;如在相应位置上有以上荧光点,则需进行确证试验。

④ 确证试验

于薄层板左边依次滴加两个点。

第一点:10 μL 0.04 μg/mL 黄曲霉毒素 B_1 标准使用液。

第二点:20 μL 样液。

于以上两点各加三氟乙酸 1 小滴盖于其上,反应 5 min 后,用吹风机吹热风 2 min,使吹到薄层板上的温度不高于 40 ℃。再于薄层板上滴加以下两个点。

第三点:10 μL 0.04 μg/mL 黄曲霉毒素 B_1 标准使用液。

第四点:20 μL 样液。

再展开,在紫外光下观察样液是否产生与黄曲霉毒素 B_1 标准点相同的衍生物,未加三氟乙酸的三、四两点,可依次作为样液与标准的衍生物空白对照。

⑤ 稀释定量

样液中黄曲霉毒素 B_1 荧光点的荧光强度如与黄曲霉毒素 B_1 标准点的最低检出量(0.000 4)的荧光强度一致,则样品中黄曲霉毒素 B_1 为 5;如样液中荧光强度比其最低检出量强,则根据其强度估计减少滴加微升数或将样液稀释后再滴加不同微升数,直至样液点的荧光强度与最低检出量点的荧光强度一致为止。滴加试样如下:

第一点:10 μL 黄曲霉毒素 B_1 标准使用液(0.04 μg/mL)

第二点:根据情况滴加 10 μL 样液

第三点:根据情况滴加 15 μL 样液

第三点:根据情况滴加 20 μL 样液

⑥结果计算

试样中黄曲霉毒素 B₁ 的含量按下式计算:

$$X=0.000\,4\times\frac{V_1\times D}{V_2}\times\frac{1\,000}{m}$$

式中:X——试样中黄曲霉毒素 B₁ 的含量,μg/kg;

V_1——加入苯-乙腈混合液的体积,mL;

V_2——出现最低荧光时滴加样液的体积,mL;

D——样液的总稀释倍数;

m——加入苯-乙腈混合液溶解时相当于试样的质量,g;

0.000 4——黄曲霉毒素 B₁ 的最低检出量,μg。

结果表示到测定值的整数位。

(2)双向展开法——滴加两点法

① 点样

取薄层板三块,在距下端 3 cm 基线上滴加黄曲霉毒素 B₁ 标准使用液与样液。即在三块板的距左边缘 0.8~1 cm 处各滴加 10 μL 黄曲霉毒素 B₁ 标准使用液,在距左边缘 2.8~3.0 cm 处各滴加 20 μL 样液,然后在第二板的样液点上滴加 10 μL 黄曲霉毒素 B₁ 标准使用液(0.04 μg/mL);在第三板上的样液点上滴加 10 μL 黄曲霉毒素 B₁ 标准使用液(0.2 μg/mL)。

② 展开

横向展开:在展开槽内的长边置一玻璃支架,加 10 mL 无水乙醇,将上述点好的薄层板靠标准点的长边置于展开槽内展开,展至板端后,取出挥干,或根据情况需要可再重复展开 1~2 次。

纵向展开:挥干的薄层板以丙酮-三氯甲烷(8∶92)展开至 10~12 cm 为止。丙酮-三氯甲烷的比例根据不同条件自行调节。

③ 观察及评定结果

在紫外光灯下观察第一、二板,若第二板的第二点在黄曲霉毒素 B₁ 标准点的相应处出现最低检出量,而第一板在与第二板的相同位置上未出现荧光点,则样品中黄曲霉毒素 B₁ 含量在 5 μg/kg 以下。

若第一板在与第二板的相同位置上各出现荧光点,则将第一板与第三板比较,看第三板上第二点与第一板上第二点的相同位置的荧光点是否与黄曲霉毒

素 B_1 标准点重叠,如果重叠,再进行所需的确证试验。

黄曲霉毒素 B_1、G_1 的确证试验:另取薄层板两块,于第四、第五两板距左边缘 $0.8 \sim 1$ cm 处各滴加 10 μL 黄曲霉毒素 B_1 标准使用液(0.04 μg/mL)及 1 滴三氟乙酸,距左边缘 $2.8 \sim 3$ cm 处,第四板滴加 20 μL 样液及 1 滴三氟乙酸;第五板滴加 20 μL 样液、10 μL 黄曲霉毒素 B_1 标准使用液(0.04 μg/mL)及 1 滴三氟乙酸。反应 5 min 后,用吹风机吹热风 2 min,使吹风机吹到薄层板上温度不高于 40 ℃,再用双向展开法展开,观察样液点是否各产生与其黄曲霉毒素 B_1 标准点重叠的衍生物。观察时,可将第一板作为样液的衍生物空白板。

④ 稀释定量

如样液黄曲霉毒素含量高时,按向展开法⑤稀释定量操作,如黄曲霉毒素 B_1 含量低,稀释倍数小,在定的纵向展载板上仍有杂质干扰,影响结果判断时,可将样液再做双向展法测定,以确定含量。

⑤ 结果计算

同单向展开法⑥。

(3) 双向展开法——滴加一点法

① 点样

取薄层板三块,在距下端 3 cm 基线上滴加黄曲霉毒素 B_1 标准使用液与样液。即在三块板距左边缘 $0.8 \sim 1$ cm 处各滴加 20 μL 样液,在第二板的点上加滴 10 μL 黄曲霉毒素 B_1 标准使用液(0.04 μg/mL),在第三板的点上加滴 10 μL 黄曲霉毒素 B_1 标准溶液(0.2 μg/mL)。

② 展开同滴加二点法。

③ 观察及评定结果

在紫外光灯下观察第一、二板,如第二板出现最低检出量的黄曲霉毒素 B_1 标准点,而第一板与其相同位置上未出现荧光点,样品中黄曲霉毒素 B_1 含量在 5 μg/kg 以下。如第一板在与第二板黄曲霉毒素 B_1 相同位置上出现荧光点,则将第一板与第三板比较,看第三板上与第一板相同位置的荧光点是否与黄曲霉毒素 B_1 标准点重叠,如果重叠再进行以下确证试验。

④ 确证试验

再取两板,于距左边缘 $0.8 \sim 1$ cm 处,第四板滴加 20 μL 样液、1 滴三氟乙酸;第五板滴加 20 μL 样液、10 μL 0.04 μg/mL 黄曲霉毒素 B_1 标准使用液及 1 滴三氟乙酸产生衍生物,展开。再将以上二板在紫外光下观察,以确定样液点是否产生与黄曲霉毒素 B_1 标准点重叠的衍生物,观察时可将第一板作为样液的衍生物空白板。经过以上确证试验定为阳性后,再进行稀释定量,如含黄曲霉毒

素 B_1 低,不需稀释或稀释倍数小,若杂质荧光仍有严重干扰,可根据样液中黄曲霉毒素 B_1 荧光的强弱,直接用双向展开法定量。

⑤ 结果计算

同单向展开法。

思考题

1. 黄曲霉毒素的常见类型有哪些?

2. 如何提取不同食品中黄曲霉毒素? 黄曲霉毒素的测定方法有哪几种?

综合实践创新篇

模块一 综合实训项目

综合实训一　小麦粉理化指标的测定

【能力目标】

1. 完成小麦粉中水分、灰分、脂肪酸值和蛋白质的测定。
2. 根据其灰分的含量对小麦粉进行分级。

【任务分析】

水分、灰分、脂肪酸值和蛋白质是小麦粉重要的理化指标,其中灰分与小麦粉的分级直接有关。蛋白质含量与小麦粉的品质有关,而脂肪酸值与面粉是否变质直接有关。因此在本次任务中,需要设计方案检测小麦粉中的这四个理化指标,对其品质是否达到国家标准要求进行判断,以保证食品加工中原料的要求。

【实训内容】

1. 项目准备过程

(1) 查阅资料,讨论并汇总资料,确定分析方案。通过图书、网络搜索工具,查阅相关资料(括国家标准检测方法及相关产品标准),整理并确定最终方案。

(2) 根据所查资料,选择合适的方法处理样品。

(3) 试剂的配制。

(4) 仪器设备和相关耗材的准备。

2. 项目完成过程

(1) 完成小麦粉中水分、灰分的测定,并根据测定结果对小麦粉进行分级。

(2) 完成小麦粉中脂肪酸值和蛋白质的测定,了解小麦粉的品质是否符合国家标准要求。

(3) 对实验数据处理,计算出精密度及误差,并分析误差产生的原因。

【相关知识】

分析实验的精密度、准确度及误差的原因,相关知识参考基础知识部分。

【讨论】

1. 每组选出一名代表介绍本组的实验设计、实验结果的情况。其他组学生对他们的实验提出问题,并进行评论。

2. 讨论、总结实验的成功与不足,找出原因,提出解决方法。

3. 撰写实验总结报告。

综合实训二　肉制品部分理化指标的测定

【能力目标】

1. 完成肉制品中酸价、亚硝酸盐和蛋白质的测定。
2. 根据上述指标对肉制品的品质进行判断。

【任务分析】

肉制品的酸价与肉制品是否变质有关,蛋白质的测定可以判断肉制品的营养品质,而亚硝酸盐常用作肉制品制作过程中的发色剂并有抑菌作用,长期食用亚硝酸盐含量过多的食物,亚硝酸盐会与仲胺反应生成具有致癌作用的亚硝胺,另外摄入多量亚硝酸盐进入血液后,可使正常的血红蛋白变成高铁血红蛋白,从而失占携氧功能,导致组织缺氧,出现头晕、恶心,严重者出现呼吸困难、昏迷等症状。因此在本次任务中,需要设计方案检测肉制品中的这三个理化指标,对其品质是否达到国家标准要求进行判断。

【实训内容】

1. 项目准备过程

(1) 查阅资料,讨论并汇总资料,确定分析方案。通过图书、网络搜索工具,查阅相关资料(括国家标准检测方法及相关产品标准),整理并确定最终方案。

(2) 根据所查资料,选择合适的方法处理样品。

(3) 试剂的配制。

(4) 仪器设备和相关耗材的准备。

2. 项目完成过程

(1) 完成肉制品中酸价、亚硝酸盐和蛋白质的测定。

(2) 对实验数据处理,计算出精密度及误差,并分析误差产生的原因。

(3) 根据检测结果了解该食品的上述指标是否符合国家标准。

【相关知识】

分析实验的精密度、准确度及误差的原因,相关知识参考基础知识部分。

【讨论】

1. 每组选出一名代表介绍本组的实验设计、实验结果的情况。其他组学生对他们的实验提出问题，并进行评论。

2. 讨论、总结实验的成功与不足，找出原因，提出解决方法。

3. 撰写实验总结报告。

综合实训三　乳粉部分理化指标的测定

【能力目标】

1. 完成乳粉中脂肪、乳糖、蛋白质及灰分的测定。
2. 根据上述指标对乳粉的品质进行判断。

【任务分析】

乳粉中的脂肪、乳糖、蛋白质与乳粉的营养价值直接相关,而灰分的含量代表其中的矿物质的量,因此测定乳粉中的上述成分可初步判断该乳粉产品的营养品质。

【实训内容】

1. 项目准备过程
(1) 查阅资料,讨论并汇总资料,确定分析方案。通过图书、网络搜索工具,查阅相关资料(括国家标准检测方法及相关产品标准),整理并确定最终方案。
(2) 根据所查资料,选择合适的方法处理样品。
(3) 试剂的配制。
(4) 仪器设备和相关耗材的准备。
2. 项目完成过程
(1) 完成乳粉中脂肪、乳糖、蛋白质及灰分的测定。
(2) 对实验数据处理,计算出精密度及误差,并分析误差产生的原因。
(3) 根据检测结果了解该食品的上述指标是否符合国家标准。

【相关知识】

分析实验的精密度、准确度及误差的原因,相关知识参考基础知识部分。

【讨论】

1. 每组选出一名代表介绍本组的实验设计、实验结果的情况。其他组学生对他们的实验提出问题,并进行讨论。
2. 讨论、总结实验的成功与不足,找出原因,提出解决方法。

3. 撰写实验总结报告。

附:参考的相关国家标准:

GB 5009.3—2010 食品中水分的测定

GB 5009.4—2010 食品中灰分的测定

GB 5009.5—2010 食品中蛋白质的测

GB/T 5009.6—2003 食品中脂肪的测定

GB 5009.33—2010 食品中亚硝酸盐及硝酸盐的测定

模块二　食品分析新技术

随着科学技术的发展,食品分析检测的技术发展十分迅速,国际上在这方面的研究开发工作日新月异,其他学科的先进技术不断地被应用到食品检测领域中来。由于新技术的引入,食品行业开发出许多自动化程度和精度都很高的食品检测仪器。这不仅缩短了分析时间,减少了人为误差,也大大提高了食品分析检测的灵敏度和准确度。

项目一　生物芯片技术

生物芯片是 20 世纪 90 年代初发展起来的一种全新的微量分析技术,通过微加工技术制作的生物芯片,可以把成千上万乃至几十万个生命信息集成在一个很小的芯片上,达到对基因、抗原和活体细胞等进行分析和检测的目的。它综合了分子生物学、免疫学、微电子学、微机械学、化学、物理、计算机等多项学科技术,在生命科学和信息科学之间架起了一座桥梁,是当今世界上高度交叉、高度综合的前沿学科和研究的热点。生物芯片的概念源自于计算机芯片,是由美国 Affymetrix 公司最早提出的,并于 1991 年生产出第一块寡核苷酸芯片。生物芯片技术是生命科学研究中继基因克隆技术、基因自动检测技术、PCR 技术后的又一次革命性技术突破。由于生物芯片技术具有高通量、自动化、微型化、高灵敏度、多参数同步分析、快速等传统检测方法不可比拟的优点,故在食品检测领域有着广泛的发展前景。

一、生物芯片技术原理

生物芯片技术是采用原位合成或微矩阵点样等方法,将大量生物大分子如蛋白质、核酸片段、多肽片段,甚至是组织切片、细胞等样品有序固定在硅胶片或聚丙烯酰胺凝胶等支持物的表面,组成密集的二维分子排列,然后与已标记的待测生物样品中的靶分子杂交,通过特定的仪器(如激光共聚焦扫描或电荷偶联相机)对杂交信号的强度快速、并行、高效地检测分析,判断样品中靶分子的数量,从而达到分析检测的目的。

二、生物芯片制备的基本流程

生物芯片的制备包括四个基本要点:芯片构建、样品制备、生物分子反应和反应图谱的检测和分析。

1. 芯片构建

目前,芯片制备主要是采用表面化学的方法或组合化学的方法来处理芯片(玻璃片或硅胶片)的,然后使 DNA 片段或蛋白质分子按顺序排列在芯片上。因芯片种类较多,制备的方法也不尽相同,但基本上可以分为原位合成(insitu synthesis)与微矩阵点样(microarray distribute)两大类。

原位合成是采用光导化学合成和照相平板印刷技术在载体表面合成寡核苷酸探针的。原位合成又可分为光引导原位合成、喷墨打印和分子印迹原位合成三种。由于原位合成的寡核苷酸探针阵列具有密度高、速度快、效率高等优点,而且杂交效率受错配碱基的影响很明显,所以原位合成 DNA 微点阵适于进行突变检测、多态性分析、杂交测序等需要大量探针和高杂交严谨性的实验。

微矩阵点样法将通过液相化学合成寡核苷酸探针或 PCR 技术扩增得到 DNA 或生物分子,由阵列复制器(arraying and replicating device,ARD)或阵列机(arrayer)及电脑控制的点样仪,准确、快速地将不同探针样品定量点样于带正电荷的尼龙膜或硅胶片等相应位置上,再由紫外线交联固定后得到理想的芯片。该方法在多聚物设计方面与前者相似,合成工作用传统 DNA 或多肽固相合成仪完成,只是合成后用特殊自动化微量点样装置将其以较高密度涂布于芯片载体上。这种方法生产的芯片上的探针不受探针分子大小、种类的限制,能灵活机动地根据使用者的要求做出符合目的的芯片。

2. 样品制备

生物样品是复杂生物分子的混合体,除少数特殊样品外,一般不能直接与芯片反应,必须将样品进行生物处理。对于基因芯片,通常需要逆转录成 cDNA 并进行标记后才能进行检测。在 PCR 扩增过程中进行样品标记的方法有荧光标记法、生物素标记法、同位素标记法等。而通常用来制备蛋白质芯片的蛋白质在点样前采用合适的缓冲溶液将其溶解,并要求具有较高的纯度和完好的生物活性。

3. 生物分子反应

生物分子反应是芯片检测的关键步骤,样品 DNA 与探针 DNA 互补杂交。根据探针的类型、长度以及芯片的应用来选择、优化杂交条件。如果是基因表达检测,反应时需要高盐、低温和长时间(往往要求过夜)。如果检测是否有突变,因涉及单个碱基的错配,故需要在短时间内(几小时)、低盐、高温条件下高特异性杂交。检测蛋白结构的免疫芯片须保证抗原、抗体的特异性结合。芯片分子杂交的特点是探针固化,样品荧光标记,一次可以对大量生物样品进行检测分析。

4. 反应图谱的检测和分析

生物芯片在与荧光标记的目标 DNA 或 RNA 杂交后或与荧光标记的目标或抗体结合后,用激光共聚焦扫描芯片和 CCD 芯片扫描仪可将芯片测定结果转变成可供分析处理的图像和数据。获得图像数据后,进行数据分析有三个基本步骤,即数据标准化、数据筛选、模式鉴定。无论是成对样品还是一组实验,为了比较数值,均需对数据进行某种必要的标准化。数据筛选是为了去掉没有信息的基因,给出鉴定数据的模式和分组,并给予生物学的解释。数据处理和破译的方法是不同的。生物芯片需要一个专门的系统处理芯片数据。一个完整的芯片数据处理系统应包括芯片图像分析、数据提取以及芯片数据统计学分析和生物学分析;另外还要进行芯片数据库管理、芯片表达基因互联网检索等。目前,质谱法、化学发光法、光导纤维法等更灵敏、快速,有取代荧光法的趋势。

三、生物芯片在食品检测中的应用

1. 转基因食品的检测

近年来,人们对转基因食品的安全性问题争议很大。传统的测试方法、PCR扩增法、化学组织检测法等,一次只能对一种转基因成分进行检测,且存在假阳性高和周期性长等问题。而采用基因芯片技术仅靠一个实验就能筛选出大量的转基因食品,因此被认为是最具潜力的检测手段之一。Rudi 等人研制出一种基于 PCR 的复合定性 DNA 矩阵,并将其用于检测转基因玉米。结果表明,此方法能够快速、定量地检测出样品中 $10\%\sim20\%$ 的转基因成分,因而被认为适于将来转基因食品检测的需要。

2. 食品中微生物的检测

基因芯片技术可广泛地应用于各种导致食品腐败的致病菌的检测。与传统检测方法、分子生物学、免疫学方法相比,生物芯片技术特异性强,准确率高。该技术具有快速、准确、灵敏等优点,可以及时反映食品中微生物的污染情况。利用生物芯片技术不仅可以分析单一微生物,还可以对多种微生物同时进行鉴定。

3. 食源性病毒的检测

在动物疫病病原菌的检测方面,已开发了分别用于马毒性动脉炎病毒(EAV)、非洲马瘟病毒(AHS)、马鼻肺炎病毒(EHV-4)、马冠状病毒(ECV)和西尼罗热病毒(WNV)5种马病毒检测和犬病病毒：检测的基因芯片。可将基因芯片技术用于食源性致病病毒：诺如病毒、轮状病毒、甲肝病毒、星状病毒和脊髓灰质炎病毒的检测。Keramas等人利用基因芯片直接将来自鸡粪便中的两种十分相近的 Campylobacter 菌 Campylobactejejuni 和 Campylobactecoil 检测并区分开来，而且其检测速度快、灵敏度高、专一性强，这给诊断和防治禽流感提供了有利的工具。

4. 药物残留的分析

药物残留可以随着食物链进入人体，对人类的健康构成潜在的威胁。目前，多种药物残留可以通过生物芯片技术进行检测，主要包括：磺胺二甲基嘧啶、链霉素、恩诺沙星和克伦特罗，检测对象包括了鸡肉、鸡肝、猪肉、猪肝、猪尿和牛奶等。其具有前处理简单，灵敏度高，特异性强，检测速度快，检测通量高，质控体系严密等优点。

5. 在食品营养分析中的应用

(1) 营养机理的研究

基因芯片最重要的应用是研究代谢与基因调节。生理学的转化常常伴随组织学和生物化学(包括基因表达方式)的变化，基因活动的上调或下调是病理生理学及疾病的起因。资料表明，某些食品具有疾病预防与控制功效，但其机理尚不清楚。生物芯片技术可用于营养机理的研究，如营养与肿瘤相关基因表达的研究，营养与心脑血管疾病关系的分子学研究等。利用人全部基因的 cDNA 芯片研究在营养素缺乏、适宜和过剩等状况下的基因表达图谱，结合基因表达与蛋白质表达的结果，将为确认人体对营养素准确需要量的生物标志物奠定坚实的基础，并为制定更准确、合理的膳食参考摄入量(DRIs)提供依据。

(2) 营养成分的分析与生物活性物质的检测

传统的检测方法对食品的营养成分及活性物质检测是非常繁琐的，而应用生物芯片技术则可以快速准确的分析食品的营养成分与活性物质，对食品的类别和性质进行快速准确的鉴定。

6. 在食品毒理学研究中的应用

传统的食品毒理学研究必须通过动物实验模式来进行模糊评判，它们在研究毒物的整体毒性效应和毒物代谢方面具有不可替代的作用。但是，这不仅需要消耗大量动物，而且往往费时费力。另外，所选动物模型由于种属差异，得出的结果往往不适宜外推至人。动物实验中所给予的毒物剂量也远远大于人的暴露水平，所以不能反映真实的暴露情况。生物芯片技术的应用将给毒理学领域带来一场革命。生物芯片可以同时对几千个基因的表达进行分析，为研究新型食品资源、对人体免疫系统影响机理提供完整的技术资料。通过对单个或多个混合体的有害成分分析,确定该化学物质在低剂量条件下的毒性,从而推断出其最低限量。

项目二　核磁共振波谱法

核磁共振(Nuclear Magnetic Resonance)波谱是一种基于特定原子核在外磁场中吸收了与其裂分能级间能量差相对应的射频场能量而产生共振现象的分析方法。核磁共振波谱通过化学位移值、谱峰多重性、偶合常数值、谱峰相对强度和在各种二维谱及多谱中呈现的相关峰,提供分子中原子的连接方式、空间的相对取向等定性的结构信息。在一个分子中,各个质子的化学环境有所不同,或多或少受到周边原子或原子团的屏蔽效应影响,因此它们的共振频率也不同,从而导致在核磁共振波谱上各个质子的吸收峰出现在不同的位置上。但这种差异并不大,难以精确测量其绝对值,因此采用一个信号的位置与另一参照物信号的偏离程度表示,称为化学位移(Chemical Shift),即:某一物质吸收峰的频率与标准质子吸收峰频率之间的差异,是一个无量纲的相对值,常用符号"δ"表示,单位为 ppm。也可用氘代溶剂中残留的质子信号作为化学位移参考值。在实际应用中,常用四甲基硅烷(TMS)作为参考物。

$$\delta = \frac{V_{sample} - V_{TMS}}{V_{TMS}} \times 10^6$$

核磁共振定量分析以结构分析为基础,在进行定量分析之前,首先对化合物的分子结构进行鉴定,再利用分子特定基团的质子数与相应谱峰的峰面积之间的关系进行定量测定。核磁共振波谱是一专属性较好的分析技术。低灵敏度的主要原因是基于基态和激发态的能量非常小,通常每十万个粒子中两个能级间只差几个粒子(当外磁场强度约为 2T 时)。磁性原子核,如 ^1H 和 ^{13}C 在恒定磁场中,只和特定频率的频射场作用。共振频率、原子核吸收的能量以及信号强度与磁场强度成正比。例如,在场强为 21 特斯拉(T)的磁场中,质子的共振频率为 900 MHz。尽管其他磁性核在此场强下拥有不用的共振频率,但人们通常把 21 特斯拉和 900 MHz 频率进行直接对应。以 ^1H 核为研究对象所获得的谱图称为氢核磁共振波谱图;以 ^{13}C 核为研究对象所获得的谱图称为碳核磁共振波谱图。

核磁共振谱可提供四个重要参数:化学位移值、谱峰多重值、偶合常数值和谱峰相对强度。核磁共振信号的另一个特征是它的强度。在合适的实验条件下,谱峰面积或强度正比于引起此信号的质子数,因此可用于测定同一样品中不同质子或其他核的相对比例,以及在加入内标后进行核磁共振定量分析。

一、核磁共振谱仪

常见的有两类核磁共振波谱仪：经典的连续波（CW）波谱仪和现代的脉冲傅里叶变换（PFT）波谱仪，后者组成主要包括超导磁体、射频脉冲发射系统、核磁信号接收系统和用于数据采集、储存、处理以及谱仪控制的计算机系统。

二、定性和定量分析

核磁共振波谱是一个非常有用的结构分析工具，化学位移提供原子核环境信息，谱峰多重性提供相邻基团情况，谱峰强度（或积分面积）可确定基团中质子的个数等。一些特定技术，如双共振实验、化学交换、使用位移试剂、各种二维谱等，可用于简化复杂图谱、确定特征基团以及确定偶合关系等。

对于结构简单的样品可直接通过氢谱的化学位移值、耦合情况（耦合裂分的峰数及耦合常数）及每组信号的质子数确定，或通过与文献值（图谱）比较确定样品的结构以及是否存在杂质等。与文献值（图谱）比较时，需要考虑溶剂种类、样品浓度、化学位移参数、测定温度等实验条件的影响。对于结构复杂或结构未知的样品，通常需要结合其他分析手段，如质谱等确定其结构。

与其他核相比，^{1}H 核磁共振波谱更适用于定量分析。在合适的实验条件下，两个信号的积分面积（或强度）正比于产生这些信号的质子数：

$$\frac{A_1}{A_2} = \frac{N_1}{N_2}$$

式中：A_1、A_2——相应信号的积分面积（或强度）；

N_1、N_2——相应信号的总质子数。

如果两个信号来源于同一分子中的不同的官能团，上式可简化为

$$\frac{A_1}{A_2} = \frac{n_2}{n_2}$$

式中：n_1、n_2——相应官能团中的质子数。

如果两个信号来源于不同的化合物，则

$$\frac{A_1}{A_2} = \frac{n_1 m_1}{n_2 m_2} = \frac{n_1 W_1/M_1}{n_2 W_2/M_2}$$

式中：m_1、m_2——化合物 1 和化合物 2 的分子个数；

W_1、W_2——其质量；

M_1、M_2——其分子量。

由后两式可知，核磁共振波谱定量分析可采用绝对定量和相对定量两种模式。

在绝对定量模式下,将已精密称定重量的样品和内标混合配置溶液,测定,通过比较样品特征峰的面积与内标峰的面积计算样品的含量(纯度)。内标应满足如下要求:有合适的特征参考峰,最好是适宜宽度的单峰;内标物的特征参考峰与样品峰分离;能溶于分析溶剂中;其质子是等权重的;内标物的分子量与特征参考峰质子数之比合理;不与待测样品相互作用等。常用的内标物有:1,2,4,5-四氯苯、1,4-二硝基苯、对二苯酚、苯甲酸苄脂、顺丁烯二酸等。内标的选择依据样品性质而定。

相对定量模式主要用于测定样品中杂质的相对含量(或混合物中各成分相对含量),由上式计算。

供试品溶液制备:分别取供试品和内标物适量,精密称量,置同一具塞玻璃离心管中,精密加入溶剂适量,振动使完全溶解,加化学位移参照物适量,振摇使溶解,摇匀。

测定方法:将适量供试品溶液转移至核磁管中,正确设置仪器参数,调整核磁管转速使旋转边峰不干扰待测信号,记录图谱。用积分法分别测定各品种项下规定的特征峰面积及内标峰面积,重复测定不少于 5 次,取平均值,由下式计算供试品的量 W_s:

$$W_s = W_r \times (A_s/A_r) \times (E_s/E_r)$$

式中:W_r——内标物的重量;

A_s、A_r——供试品特征峰和内标峰的平均峰面积;

E_s、E_r——供试品和内标物的质子当量重量(质量)(以分子量除以特征峰的质子数计算得到)。

由下式计算供试品中各组分的摩尔百分比:

$$(A_1/n_1)/[(A_1/n_1)+(A_2/n_2)] \times 100$$

式中:A_1、A_2——各品种项下所规定的各特征基团共振峰的平均峰面积;

n_1、n_2——各特征基团的质子数。

三、核磁共振波谱法在食品检验中的应用

NMR 技术可以分析食品中水分含量、分布和存在状态的差异及对食品品质、加工特性和稳定性的影响;是取代油脂质量控制实验室中采用固体脂肪指数(SFI)分析方法唯一可行的、有潜在用途的仪器分析方法,并且已经形成了国际标准;可用于研究食品玻璃态转变;可解析碳水化合物的结构,包括糖残基数目、组成单糖种类、端基构型、糖基连接方式和序列以及取代基团的连接位置;研究淀粉的颗粒结构、糊化、回生、玻璃态转变以及变性淀粉取代度测定等;NMR 是

能够在原子分辨率下测定溶液中生物大分子三维结构的唯一方法,在研究蛋白质和氨基酸的结构、空间构型、动力学以及蛋白质相互作用等方面发挥着重要作用,利用核磁谱研究蛋白质,已经成为结构生物学领域的一项重要技术手段。依据不同的食品的特定参考标准,在食品品质鉴定方面也得到有效应用,包括鉴别果蔬和谷物在生长过程中及采摘后的内部品质、成熟度、内部缺陷、虫害等,以及肉类、酒类、油脂类食品的原产地和品质优劣等。

附 表

氧化亚铜质量相当于葡萄糖、果糖、乳糖、转化糖的质量表单位(mg)

氧化亚铜	葡萄糖	果糖	乳糖（含水）	转化糖	氧化亚铜	葡萄糖	果糖	乳糖（含水）	转化糖
11.3	4.6	5.1	7.7	5.2	47.3	20.1	22.2	32.2	21.4
12.4	5.1	5.6	8.5	5.7	48.4	20.6	22.8	32.9	21.9
13.5	5.6	6.1	9.3	6.2	49.5	21.1	23.3	33.7	22.4
14.6	6.0	6.7	10.0	6.7	50.7	21.6	23.8	34.5	22.9
15.8	6.5	7.2	10.8	7.2	51.8	22.1	24.4	35.2	23.5
16.9	7.0	7.7	11.5	7.7	52.9	22.6	24.9	36.0	24.0
18.0	7.5	8.3	12.3	8.2	54.0	23.1	25.4	36.8	24.5
19.1	8.0	8.8	13.1	8.7	55.2	23.6	26.0	37.5	25.0
20.3	8.5	9.3	13.8	9.2	56.3	24.1	26.5	38.3	25.5
21.4	8.9	9.9	14.6	9.7	57.4	24.6	27.1	39.1	26.0
22.5	9.4	10.4	15.4	10.2	58.5	25.1	27.6	39.8	26.5
23.6	9.9	10.9	16.1	10.7	59.7	25.6	28.2	40.6	27.0
24.8	10.4	11.5	16.9	11.2	60.8	26.1	28.7	41.4	27.6
25.9	10.9	12.0	17.7	11.7	61.9	26.5	29.2	42.1	28.1
27.0	11.4	12.5	18.4	12.3	63.0	27.0	29.8	42.9	28.6
28.1	11.9	13.1	19.2	12.8	64.2	27.5	30.3	43.7	29.1
29.3	12.3	13.6	19.9	13.3	65.3	28.0	30.9	44.4	29.6
30.4	12.8	14.2	20.7	13.8	66.4	28.5	31.4	45.2	30.1
31.5	13.3	14.7	21.5	14.3	67.6	29.0	31.9	46.0	30.6
32.6	13.8	15.2	22.2	14.8	68.7	29.5	32.5	46.7	31.2
33.8	14.3	15.8	23.0	15.3	69.8	30.0	33.0	47.5	31.7
34.9	14.8	16.3	23.8	15.8	70.9	30.5	33.6	48.3	32.2
36.0	15.3	16.8	24.5	16.3	72.1	31.0	34.1	49.0	32.7

（续表）

氧化亚铜	葡萄糖	果糖	乳糖（含水）	转化糖	氧化亚铜	葡萄糖	果糖	乳糖（含水）	转化糖
37.2	15.7	17.4	25.3	16.8	73.2	31.5	34.7	49.8	33.2
38.3	16.2	17.9	26.1	17.3	74.3	32.0	35.2	50.6	33.7
39.4	16.7	18.4	26.8	17.8	75.4	32.5	35.8	51.3	34.3
40.5	17.2	19.0	27.6	18.3	76.6	33.0	36.3	52.1	34.8
41.7	17.7	19.5	28.4	18.9	77.7	33.5	36.8	52.9	35.3
42.8	18.2	20.1	29.1	19.4	78.8	34.0	37.4	53.6	35.8
43.9	18.7	20.6	29.9	19.9	79.9	34.5	37.9	54.4	36.3
45.0	19.2	21.1	30.6	20.4	81.1	35.0	38.5	55.2	36.8
46.2	19.7	21.7	31.4	20.9	82.2	35.5	39.0	55.9	37.4
83.3	36.0	39.6	56.7	37.9	119.3	52.1	57.1	81.3	54.6
84.4	36.5	40.1	57.5	38.4	120.5	52.6	57.7	82.1	55.2
85.6	37.0	40.7	58.2	38.9	121.6	53.1	58.2	82.8	55.7
86.7	37.5	41.2	59.0	39.4	122.7	53.6	58.8	83.6	56.2
87.8	38.0	41.7	59.8	40.0	123.8	54.1	59.3	84.4	56.7
88.9	38.5	42.3	60.5	40.5	125.0	54.6	59.9	85.1	57.3
90.1	39.0	42.8	61.3	41.0	126.1	55.1	60.4	85.9	57.8
91.2	39.5	43.4	62.1	41.5	127.2	55.6	61.0	86.7	58.3
92.3	40.0	43.9	62.8	42.0	128.3	56.1	61.6	87.4	58.9
93.4	40.5	44.5	63.6	42.6	129.5	56.7	62.1	88.2	59.4
94.6	41.0	45.0	64.4	43.1	130.6	57.2	62.7	89.0	59.9
95.7	41.5	45.6	65.1	43.6	131.7	57.7	63.2	89.8	60.4
96.8	42.0	46.1	65.9	44.1	132.8	58.2	63.8	90.5	61.0
97.9	42.5	46.7	66.7	44.7	134.0	58.7	64.3	91.3	61.5
99.1	43.0	47.2	67.4	45.2	135.1	59.2	64.9	92.1	62.0
100.2	43.5	47.8	68.2	45.7	136.2	59.7	65.4	92.8	62.6
101.3	44.0	48.3	69.0	46.2	137.4	60.2	66.0	93.6	63.1

（续表）

氧化亚铜	葡萄糖	果糖	乳糖（含水）	转化糖	氧化亚铜	葡萄糖	果糖	乳糖（含水）	转化糖
102.5	44.5	48.9	69.7	46.7	138.5	60.7	66.5	94.4	63.6
103.6	45.0	49.4	70.5	47.3	139.6	61.3	67.1	95.2	64.2
104.7	45.5	50.0	71.3	47.8	140.7	61.8	67.7	95.9	64.7
105.8	46.0	50.5	72.1	48.3	141.9	62.3	68.2	96.7	65.2
107.0	46.5	51.1	72.8	48.8	143.0	62.8	68.8	97.5	65.8
108.1	47.0	51.6	73.6	49.4	144.1	63.3	69.3	98.2	66.3
109.2	47.5	52.2	74.4	49.9	145.2	63.8	69.9	99.0	66.8
110.3	48.0	52.7	75.1	50.4	146.4	64.3	70.4	99.8	67.4
111.5	48.5	53.3	75.9	50.9	147.5	64.9	71.0	100.6	67.9
112.6	49.0	53.8	76.7	51.5	148.6	65.4	71.6	101.3	68.4
113.7	49.5	54.4	77.4	52.0	149.7	65.9	72.1	102.1	69.0
114.8	50.0	54.9	78.2	52.5	150.9	66.4	72.7	102.9	69.5
116.0	50.6	55.5	79.0	53.0	152.0	66.9	73.2	103.6	70.0
117.1	51.1	56.0	79.7	53.6	153.1	67.4	73.8	104.4	70.6
118.2	51.6	56.6	80.5	54.1	154.2	68.0	74.3	105.2	71.1
155.4	68.5	74.9	106.0	71.6	191.4	85.2	92.9	130.7	88.9
156.5	69.0	75.5	106.7	72.2	192.5	85.7	93.5	131.5	89.5
157.6	69.5	76.0	107.5	72.7	193.6	86.2	94.0	132.2	90.0
158.7	70.0	76.6	108.3	73.2	194.8	86.7	94.6	133.0	90.6
159.9	70.5	77.1	109.0	73.8	195.9	87.3	95.2	133.8	91.1
161.0	71.1	77.7	109.8	74.3	197.0	87.8	95.7	134.6	91.7
162.1	71.6	78.3	110.6	74.9	198.1	88.3	96.3	135.3	92.2
163.2	72.1	78.8	111.4	75.4	199.3	88.9	96.9	136.1	92.8
164.4	72.6	79.4	112.1	75.9	200.4	89.4	97.4	136.9	93.3
165.5	73.1	80.0	112.9	76.5	201.5	89.9	98.0	137.7	93.8
166.6	73.7	80.5	113.7	77.0	202.7	90.4	98.6	138.4	94.4

（续表）

氧化亚铜	葡萄糖	果糖	乳糖（含水）	转化糖	氧化亚铜	葡萄糖	果糖	乳糖（含水）	转化糖
167.8	74.2	81.1	114.4	77.6	203.8	91.0	99.2	139.2	94.9
168.9	74.4	81.6	115.2	78.1	204.9	91.5	99.7	140.0	95.5
170.0	75.2	82.2	116.0	78.6	206.0	92.0	100.3	140.8	96.0
171.1	75.7	82.8	116.8	79.2	207.2	92.6	100.9	141.5	96.6
172.3	76.3	83.3	117.5	79.7	208.3	93.1	101.4	142.3	97.1
173.4	76.8	83.9	118.3	80.3	209.4	93.6	102.0	143.1	97.7
174.5	77.3	84.4	119.1	80.8	210.5	94.2	102.6	143.9	98.2
175.6	77.8	85.0	119.9	81.3	211.7	94.7	103.1	144.6	98.8
176.8	78.3	85.6	120.6	81.9	212.8	95.2	103.7	145.4	99.3
177.9	78.9	86.1	121.4	82.4	213.9	95.7	104.3	146.2	99.9
179.0	79.4	86.7	122.2	83.0	215.0	96.3	104.8	147.0	100.4
180.1	79.9	87.3	122.9	83.5	216.2	96.8	105.4	147.7	101.0
181.3	80.4	87.8	123.7	84.0	217.3	97.3	106.0	148.5	101.5
182.4	81.0	88.4	124.5	84.6	218.4	97.9	106.6	149.3	102.1
183.5	81.5	89.0	125.3	85.1	219.5	98.4	107.1	150.1	102.6
184.5	82.0	89.5	126.0	85.7	220.7	98.9	107.7	150.8	103.2
185.8	82.5	90.1	126.8	86.2	221.8	99.5	108.3	151.6	103.7
186.9	83.1	90.6	127.6	86.8	222.9	100.0	108.8	152.4	104.3
188.0	83.6	91.2	128.4	87.3	224.0	100.5	109.4	153.2	104.8
189.1	84.1	91.8	129.1	87.8	225.2	101.1	110.0	153.9	105.4
190.3	84.6	92.3	129.9	88.4	226.3	101.6	110.6	154.7	106.0
227.4	102.2	111.1	155.5	106.5	263.4	119.5	129.6	180.4	124.4
228.5	102.7	111.7	156.3	107.1	264.6	120.0	130.2	181.2	124.9
229.7	103.2	112.3	157.0	107.6	265.7	120.6	130.8	181.9	125.5
230.8	103.8	112.9	157.8	108.2	266.8	121.1	131.3	182.7	126.1
231.9	104.3	113.4	158.6	108.7	268.0	121.7	131.9	183.5	126.6

（续表）

氧化亚铜	葡萄糖	果糖	乳糖（含水）	转化糖	氧化亚铜	葡萄糖	果糖	乳糖（含水）	转化糖
233.1	104.8	114.0	159.4	109.3	269.1	122.2	132.5	184.3	127.2
234.2	105.4	114.6	160.2	109.8	270.2	122.7	133.1	185.1	127.8
235.3	105.9	115.2	160.9	110.4	271.3	123.3	133.7	185.8	128.3
236.4	106.5	115.7	161.7	110.9	272.5	123.8	134.2	186.6	128.9
237.6	107.0	116.3	162.5	111.5	273.6	124.4	134.8	187.4	129.5
238.7	107.5	116.9	163.3	112.1	274.7	124.9	135.4	188.2	130.0
239.8	108.1	117.5	164.0	112.6	275.8	125.5	136.0	189.0	130.6
240.9	108.6	118.0	164.8	113.2	277.0	126.0	136.6	189.7	131.2
242.1	109.2	118.6	165.6	113.7	278.1	126.6	137.2	190.5	131.7
243.1	109.7	119.2	166.4	114.3	279.2	127.1	137.7	191.3	132.3
244.3	110.2	119.8	167.1	114.9	280.3	127.7	138.3	192.1	132.9
245.4	110.8	120.3	167.9	115.4	281.5	128.2	138.9	192.9	133.4
246.6	111.3	120.9	168.7	116.0	282.6	128.8	139.5	193.6	134.0
247.7	111.9	121.5	169.5	116.5	283.7	129.3	140.1	194.4	134.6
248.8	112.4	122.1	170.3	117.1	284.8	129.9	140.7	195.2	135.1
249.9	112.9	122.6	171.0	117.6	286.0	130.4	141.3	196.0	135.7
251.1	113.5	123.2	171.8	118.2	287.1	131.0	141.8	196.8	136.3
252.2	114.0	123.8	172.6	118.8	288.2	131.6	142.4	197.5	136.8
253.3	114.6	124.4	173.4	119.3	289.3	132.1	143.0	198.3	137.4
254.4	115.1	125.0	174.2	119.9	290.5	132.7	143.6	199.1	138.0
255.6	115.7	125.5	174.9	120.4	291.6	133.2	144.2	199.9	138.6
256.7	116.2	126.1	175.7	121.0	292.7	133.8	144.8	200.7	139.1
257.8	116.7	126.7	176.5	121.6	293.8	134.3	145.4	201.4	139.7
258.91	117.3	127.3	177.3	122.1	295.0	134.9	145.9	202.2	140.3
260.1	117.8	127.9	178.1	122.7	296.1	135.4	146.5	203.0	140.8
261.2	118.4	128.4	178.8	123.3	297.2	136.0	147.1	203.8	141.4

氧化亚铜	葡萄糖	果糖	乳糖（含水）	转化糖	氧化亚铜	葡萄糖	果糖	乳糖（含水）	转化糖
262.3	118.9	129.0	179.6	123.8	298.3	136.5	147.7	204.6	142.0
299.5	137.1	148.3	205.3	142.6	335.5	155.1	167.2	230.4	161.0
300.6	137.7	148.9	206.1	143.1	336.6	155.6	167.8	231.2	161.6
301.7	138.2	149.5	206.9	143.7	337.8	156.2	168.4	232.0	162.2
302.9	138.8	150.1	207.7	144.3	338.9	156.8	169.0	232.7	162.8
304.0	139.3	150.6	208.5	144.8	340.0	157.3	169.6	233.5	163.4
305.1	139.9	151.2	209.2	145.4	341.1	157.9	170.2	234.3	104.0
306.2	140.4	151.8	210.0	146.0	342.3	158.5	170.8	235.1	164.5
307.4	141.0	152.4	210.8	146.6	343.2	159.0	171.4	235.9	165.1
308.5	141.6	153.0	211.6	147.1	344.5	159.6	172.0	236.7	165.7
309.6	142.1	153.6	212.4	147.7	345.6	160.2	172.6	237.4	166.3
310.7	142.7	154.2	213.2	148.3	346.8	160.7	173.2	238.2	166.9
311.9	143.2	154.8	214.0	148.9	347.9	161.3	173.8	239.0	167.5
313.0	143.8	155.4	214.7	149.4	349.0	161.9	174.4	239.8	168.0
314.1	144.4	156.0	215.5	150.0	350.1	162.5	175.0	240.6	168.6
315.2	144.9	156.5	216.3	150.6	351.3	163.0	175.6	241.4	169.2
316.4	145.5	157.1	217.1	151.2	352.4	163.6	176.2	242.2	169.8
317.5	140.0	157.7	217.9	151.8	353.3	164.2	176.8	243.0	170.4
318.6	146.6	158.3	218.7	152.3	354.6	164.7	177.4	243.7	171.0
319.7	147.2	158.9	219.4	152.9	355.8	165.3	178.0	244.5	171.6
320.9	147.7	159.5	220.2	153.8	356.9	165.9	178.6	245.3	172.2
322.0	148.3	160.1	221.0	154.1	358.0	166.5	179.2	246.1	172.8
323.1	148.8	160.7	221.8	154.6	359.1	167.0	179.8	246.9	173.3
324.2	149.4	161.3	222.6	155.2	360.3	167.6	180.4	247.7	173.9
325.4	150.0	161.9	223.3	155.8	361.4	168.2	181.0	248.5	174.5
326.5	150.5	162.5	224.1	156.4	362.5	168.8	181.6	249.2	175.1

（续表）

氧化亚铜	葡萄糖	果糖	乳糖（含水）	转化糖	氧化亚铜	葡萄糖	果糖	乳糖（含水）	转化糖
327.6	151.1	163.1	224.9	157.0	363.6	169.3	182.2	250.0	175.7
328.7	151.7	163.7	225.7	157.5	364.8	169.9	182.8	250.8	176.3
329.9	152.2	164.3	226.5	158.1	365.9	170.5	183.4	251.6	176.9
331.0	152.8	164.9	227.3	158.7	367.0	171.1	184.0	252.4	177.5
332.1	153.4	165.4	228.0	159.3	368.2	171.6	184.6	253.2	178.1
333.3	153.9	166.0	228.8	159.9	369.3	172.2	185.2	253.9	178.7
334.4	154.5	166.6	229.6	160.5	370.4	172.8	185.8	254.7	179.2
371.5	173.4	186.4	255.5	179.8	407.6	192.0	205.9	280.8	199.0
372.7	173.9	187.0	256.3	180.4	408.7	192.6	206.5	281.6	199.6
373.8	174.5	187.6	257.1	181.0	409.8	193.2	207.1	282.4	200.2
374.9	175.1	188.2	257.9	181.6	410.9	193.8	207.7	283.2	200.8
376.0	175.7	188.8	258.7	182.2	412.1	194.4	208.3	284.0	201.4
377.2	176.3	189.4	259.4	182.8	413.2	195.0	209.0	284.8	202.0
378.3	176.8	190.1	260.2	183.4	414.3	195.6	209.6	285.6	202.6
379.4	177.4	190.7	261.0	184.0	415.4	196.2	210.2	286.3	203.2
380.5	178.0	191.3	261.8	184.6	416.6	196.8	210.8	287.1	203.8
381.7	178.6	191.9	262.6	185.2	417.7	197.4	211.4	287.9	204.4
382.8	179.2	192.5	263.4	185.8	418.8	198.0	212.0	288.7	205.0
383.9	179.7	193.1	264.2	186.4	419.9	198.5	212.6	289.5	205.7
385.0	180.3	193.7	265.0	187.0	421.1	199.1	213.3	290.3	206.3
386.2	180.9	194.3	265.8	187.6	422.2	199.7	213.9	291.1	206.9
387.3	181.5	194.9	266.6	188.2	423.3	200.3	214.5	291.9	207.5
388.4	182.1	195.5	267.4	188.8	424.4	200.9	215.1	292.7	208.1
389.5	182.7	196.1	268.1	189.4	425.6	201.5	215.7	293.5	208.7
390.7	183.2	196.7	268.9	190.0	426.7	202.1	216.3	294.3	209.3
391.8	183.8	197.3	269.7	190.5	427.8	202.7	217.0	295.0	209.9

（续表）

氧化亚铜	葡萄糖	果糖	乳糖（含水）	转化糖	氧化亚铜	葡萄糖	果糖	乳糖（含水）	转化糖
392.9	184.4	197.9	270.5	191.2	428.9	203.3	217.6	295.8	210.5
394.0	185.0	198.5	271.3	191.8	430.1	203.9	218.2	296.6	211.1
395.2	185.6	199.2	272.1	192.4	431.2	204.5	218.8	297.4	211.8
396.3	186.2	199.8	272.9	193.0	432.3	205.1	219.5	298.2	212.4
397.4	186.8	200.4	273.7	193.6	433.5	205.1	220.1	299.0	213.0
398.5	187.3	201.0	274.4	194.2	434.6	206.3	220.7	299.8	213.6
399.7	187.9	201.6	275.2	194.8	435.7	206.9	221.3	300.6	214.2
400.8	188.5	202.2	276.0	195.4	436.8	207.5	221.9	301.4	214.8
401.9	189.1	202.8	276.8	196.0	438.0	208.1	222.6	302.2	215.4
403.1	189.7	203.4	277.6	196.6	439.1	208.7	232.2	303.0	216.0
404.2	190.3	204.0	278.4	197.2	440.2	209.3	223.8	303.8	216.7
405.3	190.9	204.7	279.2	197.8	441.3	209.9	224.4	304.6	217.3
406.4	191.5	205.3	280.0	198.4	442.5	210.5	225.1	305.4	217.9
443.6	211.1	225.7	306.2	218.5	467.2	223.9	239.0	323.2	231.7
444.7	211.7	226.3	307.0	219.1	468.4	224.5	239.7	324.0	232.2
445.8	212.3	226.9	307.8	219.8	469.5	225.1	240.3	324.9	232.9
447.0	212.9	227.6	308.6	220.4	470.6	225.7	241.0	325.7	233.6
448.1	213.5	228.2	309.4	221.0	471.9	226.3	241.6	326.5	234.2
449.2	214.1	228.8	310.2	221.6	472.9	227.0	242.2	327.4	234.8
450.3	214.7	229.4	311.0	222.2	474.0	227.6	242.9	328.2	235.5
451.5	215.3	230.1	311.8	222.9	475.1	228.2	243.6	329.1	236.1
452.6	215.9	230.7	312.6	223.5	476.2	228.8	244.3	329.9	236.8
453.7	216.5	231.3	313.4	224.1	477.4	229.5	244.9	330.8	237.5
454.8	217.1	232.0	314.2	224.7	478.5	230.1	245.6	331.7	238.1
456.0	217.8	232.6	315.0	225.4	479.6	230.7	246.3	332.6	238.8
457.1	218.4	233.2	315.9	226.0	480.7	231.4	247.0	333.5	239.5

氧化亚铜	葡萄糖	果糖	乳糖（含水）	转化糖	氧化亚铜	葡萄糖	果糖	乳糖（含水）	转化糖
458.2	219.0	233.9	316.7	226.6	481.9	232.0	247.8	334.4	240.2
459.3	219.6	234.5	317.5	227.2	483.0	232.7	248.5	335.3	240.8
460.5	220.2	235.1	318.3	227.9	484.1	233.3	249.2	336.3	241.5
461.6	220.8	235.8	319.1	228.5	485.2	234.0	250.0	337.3	242.3
462.7	221.4	236.4	319.9	229.1	486.4	234.7	250.8	338.3	243.0
463.8	222.0	237.1	320.7	229.7	487.5	235.3	251.6	339.4	243.8
465.0	222.6	237.7	321.6	230.4	488.6	236.1	252.7	340.7	244.7
466.1	223.3	238.4	322.4	231.0	489.7	236.9	253.7	342.0	245.8

参考文献

[1] 陈晓平,黄广民. 食品理化检验[M]. 北京:中国计量出版社,2008.

[2] 王朝臣,吴君艳. 食品理化检验项目化教程[M]. 北京:化学工业出版社,2013.

[3] 黎源倩,叶蔚云. 食品理化检验[M]. 北京:人民卫生出版社,2015.

[4] 刘绍. 食品分析与检验[M]. 武汉:华中科技大学出版社,2012.

[5] 钱建亚. 食品分析[M]. 北京:中国纺织出版社,2014.

[6] 王世平. 食品理化检验技术[M]. 北京:中国林业出版社,2009.

[7] 陈福生,高志贤,王建华. 食品安全检测与现代生物技术[M]. 北京:化学工业出版社,2011.

[8] 张水华. 食品分析[M]. 北京:中国轻工出版社,2004.

[9] 刘兴友,刁有祥. 食品理化检验学(第二版)[M]. 北京:中国农业大学出版社,2008.

[10] 夏云生,包德才. 食品理化检验技术[M]. 北京:中国石化出版社,2014.

[11] 金文进. 食品理化检验技术[M]. 哈尔滨:哈尔滨工程大学出版社,2013.

[12] 王喜波,张英华. 食品分析[M]. 北京:科学出版社,2015.

[13] 李和生. 食品分析[M]. 北京:科学出版社,2014.

[14] 丁晓雯. 食品分析实验[M]. 北京:中国林业出版社,2012.

[15] 张拥军. 食品理化检验[M]. 北京:中国质检出版社,2015.

[16] 王喜波,张英华. 食品分析[M]. 北京:科学出版社,2015.

[17] 桂文君. 农药残留检测新技术研究进展[J]. 北京工商大学学报(自然科学版),2012,30(3):13-18.

[18] 黄雪英,沈丹. 兽药残留检测技术应用现状及发展方向[J]. 中国兽药杂志,2014,48(7):66-69.

[19] 祁金喜,翟小敏,杨海燕. 生物芯片技术在食品检测中的应用[J]. 中国食品工业,2011(12):134-137.

[20] 唐亚丽,卢立新,赵伟. 生物芯片技术及其在食品营养与安全检测中的应用[J]. 食品与机械,2010,26(5):164-167.

[21] 孙秀兰,赵晓联,张银志,等. 生物芯片技术与食品分析[J]. 生物技术通报,2003(4):22-26.

[22] 齐银霞,成坚,王琴. 核磁共振技术在食品检测方面的应用[J]. 食品与机械,2008,24(6):117-120.